中国当代的艺术观念与景观设计

Chinese Contemporary Artistic Concepts and Landscape Design

曹磊 著

中国建筑工业出版社

图书在版编目（CIP）数据

中国当代的艺术观念与景观设计 / 曹磊著 . —北京：中国
建筑工业出版社，2012.5
ISBN 978-7-112-14185-2

Ⅰ.①中… Ⅱ.①曹… Ⅲ.①景观－园林设计－中国
Ⅳ.①TU986.2

中国版本图书馆CIP数据核字（2012）第054335号

本书论述了从现代主义到后现代主义艺术与景观的百年发展历程以及它们之间的互动关系，分析总结了其发展变化的规律和不断创新的特征。外师造化，中得心源，力求掌握当代中国景观创作的理论与方法。书中分析了我国城市景观建设存在的主要问题，提出了现代景观与后现代景观同时化的概念。对城市景观审美与设计理论问题进行了重点梳理，探索了当代中国景观的创作之路。

本书可供风景园林师及有关专业师生阅读参考。

* * *

责任编辑：许顺法
责任设计：董建平
责任校对：肖　剑　关　健

中国当代的艺术观念与景观设计
曹　磊　著
*
中国建筑工业出版社出版、发行（北京西郊百万庄）
各地新华书店、建筑书店经销
北京京点设计公司制版
北京世知印务有限公司印刷
*
开本：787×1092毫米　1/16　印张：8¼　字数：201千字
2012年9月第一版　2012年9月第一次印刷
定价：25.00元
ISBN 978-7-112-14185-2
（22213）

目 录

第四章 在理想与现实之间——当代中国景观 …………………… 84

绪　论

对结束的艺术而言，公园就是结束的景观。

——罗伯特·史密逊

后现代主义艺术与景观——狂欢迪士尼乐园。

——作者

向拉斯韦加斯学习。

——罗伯特·文丘里

向迪士尼乐园学习。

——作者

思想有多远，当代景观的创新之路就能走多远。

——作者

0.1　问题的缘起

1. 城市景观建设的需要

伴随着经济的快速发展，国内各个城市都在加快城市景观建设。景观设计领域项目多、规模大、周期短、起步晚、人才缺，设计环节存在很多问题，迫切需要系统的理论引导。特别是近年来国外大量景观方面的书籍、资料以及境外风景园林师的进入，更给我们造成了很多迷茫，很多风景园林师盲目照搬照抄国外景观的形式，只知其然，不知其所以然，更不考虑国情和场地环境的特点。所以，一方面，他山之石，可以攻玉，西方艺术与景观的创作理论与方法能够给我们的景观理论和设计实践提供重要的思路和启发；另一方面，要全面认识和正确解读国外的景观设计理论和设计方法，同时也要结合特定的国情加以吸收。

2. 艺术与景观的关系重构

人们对传统艺术与景观非常熟悉，但当代艺术与景观的审美观念和形式语言发生了根本变化。从构成主义绘画与现代景观平面构成，到大地艺术景观与波普化的迪士尼乐园，当代艺术在景观创作中起到了怎样的作用？它们之间的关系如何？这些问题需要进行系统、深入的研究。

3. 大众文化的崛起

当代大众文化崛起，商品进入了艺术，技术进入了艺术，娱乐进入了艺术，艺术与生活的距离消失了，艺术的观念发生了根本性的变化。景观也日益受到消费文化、大众文化的影响，其审美观念与创作理念发生了很大的变化。最典型的就是以迪士尼乐园、主题公园为代表的大批波普景观的出现，促使人们开始审视当代艺术与景观的审美观念与创作理念的新特点以及如何来对它们进行评价、如何进行创作，需要进行深入的思考。

4. 多元化视野下我国当代景观创新道路的探索

在经济全球化大背景下，我国社会目前处于工业化和后工业化、信息化并存，现代主义、后现代主义艺术与景观同时化的特定时代，迫切需要对我国当代景观的审美与设计理念进行系统的梳理，探索我国当代景观的创新道路。

0.2　主要观念、方法与内容

1. 观念与方法

国外从现代艺术到后现代艺术的发展历经一个世纪，艺术流派和艺术现象纷繁，大师云集，艺术理论和艺术主张层出不穷，取得的成果令人瞩目。与此同时，作为姐妹的景观建筑学从现代主义景观到后现代主义景观也走过了一个多世纪的实践和探索之路，形成了当代多元共存的格局。艺术对景观的影响和引导是始终相伴的。很多风景园林师从艺术中找寻创作的源泉和灵感；一些艺术家本身又是风景园林师，他们的实践更加强了这两个领域的交流与联系；大地艺术更是将艺术与景观合二为一。艺术对景观的影响和引导主要体现在长期的潜移默化中，系统地研究现代艺术、后现代艺术与景观的互动关系具有非常重要的理论价值。

国内自改革开放以来，现代艺术、后现代艺术的引入和发展已经跨过了三十载，取得了丰硕的成果。但景观领域则滞后很多，现代景观的探索基本上是从20世纪90年代开始的。当前正赶上各地城市景观设计的快速发展，景观设计实践中存在着很多问题，缺少系统的理论研究作为指导。

对现代艺术、后现代艺术与景观的互动关系的探索研究，就是为当代景观创作在艺术中去寻找创作的灵感和原创动力。现代艺术为景观创作提供了形式创新的方法，后现代艺术为景观创作提供了观念创新的启发。当代艺术给我们以完全开放的视野去审视当前景观审美观念与创作理论中的各种问题，探索具有我国特色的城市景观创作道路。

对当代艺术、后现代艺术与景观进行系统深入的研究，使之形成完整的理论体系，丰富和完善艺术与景观两个领域的理论研究，促进艺术和景观在各自领域的深入发展，为大众创造艺术化的生活和艺术化的生活景观。

对迪士尼乐园的美学特征和景观特征进行解读和剖析，一方面可进一步阐明当代艺术与景观的本质特点，另一方面，也为我国主题公园建设提供理论指导。

本书在整体思路上是运用移植和对比的研究方法，将现代艺术、后现代艺术在形式创新和观念创新上的思路方法移植到景观的理论研究和创作实践中，进行跨学科的理论研究，并且结合艺术创作与景观创新的实例进行对比分析，探索景观创新的理论与方法。

在第三章中运用了解释学等方法，对迪士尼的美学与景观特点进行了大量的解读和分析，在解释中阐述了自己的观点：后现代艺术与景观——狂欢迪士尼乐园。

本书涉及哲学美学、艺术学、社会学、景观学、环境科学、生态学等多学科领域，根据这一特点，采用多学科理论渗透，寻求共同的交叉点，进行综合的研究。

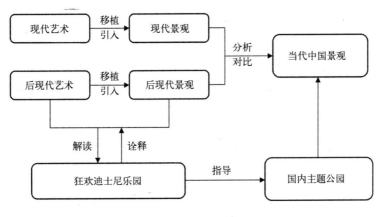

图 0-1　技术路线图

将艺术创新的观念与方法"移植"、"引入"到景观的理论研究与创作实践中，通过"分析"、"对比"，探索中国当代景观的创作道路。

从后现代艺术与景观的视角去"解读"迪士尼乐园，进而更深刻地"诠释"后现代艺术与景观的美学特点。同时，为我国主题公园的研究和创作提供理论指导，技术路线如图0-1所示。

2. 主要研究内容

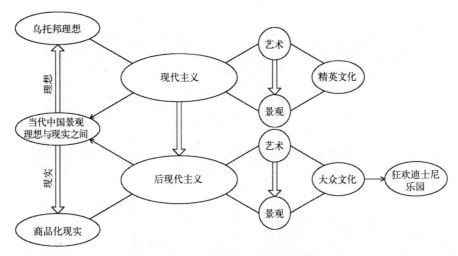

图 0-2　当代中国景观在理想与现实之间

本书论述和研究的景观特指城市景观，是与人们的生活最息息相关和最富有艺术表现力的景观类型，包括广场景观、道路景观、公园景观、商业景观、校园景观等。本书的大致脉络如下：

第一章主要对现代艺术的源流、形态创新的特征进行分析总结。现代艺术对形态创新的探索影响着现代、当代景观的创作理论与实践。现代艺术形态、艺术语言在景观创作理论、设计语言方面的转化，丰富了景观的形态世界，成为了景观创作的原创动力。

·现代艺术的形态创新（革命）——提供——现代景观创新方法（为景观提供原创动力）

第二章，对后现代艺术的发展脉络以及艺术观念转变的特征与意义进行系统的分析与阐述。后现代艺术的主要思潮及其观念和理想，为当代景观的理论研究和创作提供了观念创新的思路和灵感。

·后现代艺术的观念创新（革命）——提供——后现代景观创新观念（为景观提供观念与灵感）

第三章，从古希腊罗马、欧洲中世纪及其后的街头狂欢，直到当代艺术、景观与主题公园，都受大众文化的长期影响。后现代艺术与景观的主要观念及理论都是与大众文化一脉相承的。该部分重点解读了迪士尼乐园的美学特点与景观特点，同时也更深刻地诠释了当代艺术与景观的理论与特征。

·后现代艺术与后现代景观——狂欢——迪士尼乐园（解读迪士尼乐园的美学特点与景观特点）

第四章，分析我国城市景观建设存在的主要问题，提出了现代景观与后现代景观同时化的理论概念，对城市景观审美与设计理论问题进行了重点梳理，探索中国当代景观的创作道路。

·现代景观与后现代景观——同时化 多元共存——当代中国景观（探索中国当代景观创作道路）

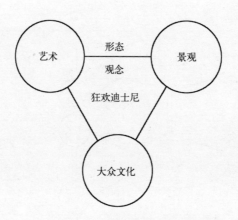

图 0-3　大众文化影响下的艺术与景观

第一章 现代主义的乌托邦理想与
理想的破灭

使形式脱离自然的约束，保留下来的就是风格。

——范·杜斯基

农耕—手工的文化—经验与现代艺术是完全不同的文化—经验系统，无论是西方的模仿概念，还是中国的"物与神游"，都把"以神遇而不以目视"视为最高境界，不追求自在存在的物的真实—"形似"，而是追求让物是其所是的显现—"神似"。科学技术、工业制造以及资本主义市场经济的发展改变了几千年形成的农耕—手工的文化—经验，并取得了前所未有的对自然和物质的支配力量。

西方现代艺术和美学就产生在分析理性（科学技术）、工业制造和资本主义市场经济对世界进行符号编码的过程中，它不可能与传统艺术和美学拥有同样的话语构成原则，它不再按照自然的有机形式来构成自己的形式，而是通过肢解自然形式、进行符号编码的重组来构成一个属于现代的艺术和符号的表达世界。由此可见，现代艺术已经不再是传统意义上的"审美"活动，而更多地是一种"表现"、"构成"的活动。[1]

1.1 现代艺术的形态学意义的革命及其特征

西方现代艺术和审美的一个主要趋势就是走向"抽象"（abstraction），它构成了 20 世纪西方现代主义艺术和审美的根本特征。

传统艺术和审美总是形象的和具体的，与此相关的总是"这一个"、"那一个"，而不是"这一类"、"那一类"。20 世纪的现代主义艺术和审美却与这种传统完全背离，走向了建立抽象形式和对抽象形式进行观照的道路，这是一种全新的审美形态和艺术语言。

20 世纪现代艺术和审美中的抽象，大致经历了两个时期。第一个时期是 1905 ~ 1915 年，主要是借助后印象派和塞尚初步发展出来的艺术语汇，完成艺术形式对自然形式和物象的脱离，以建立抽象形式的艺术表达。这个时期所形成的"抽象"是未脱净物象痕迹的"具象抽象"，艺术流派有野兽派、立体派、未来主义、早期表现主义和后来的超现实主义。第二个时期是 1916 年到 50 年代，这时，艺术已彻底摆脱了自然形式和物象，建立起了纯粹的抽象形式的艺术语言，形成了不指称任何事物和现实的、以纯粹的形式因素构成的、完全的"非具象抽象"，艺术流派有抽象表现主义、构成主义、极简主义等。50 年代以后

---

[1] 牛宏宝．西方现代美学．上海人民出版社．

的西方艺术仍然延续着已经作为现代之"传统"的抽象形式语言,如美国的新抽象表现主义、大色域绘画等。所以,也可以说,西方现代艺术和审美的创新是形态学意义上的一场革命——形式的革命。

1.1.1 艺术形态创新的动因与基础

1.1.1.1 艺术形态创新的动因

艺术形态和审美从总体上走向抽象,其动因是多方面的,主要有以下几个方面:

首先是思想层面的需要,20世纪西方精神世界存在着的普遍的孤独、苦闷、焦虑和无家可归的状况。依靠了几千年的神圣的自然,由于"我思"主体的强大,变成了纯粹对象性的存在物,它的意义不再自明,而是依赖于主题的"表象"意志;"我思"主体同时发展出"工具理性"来对付自然世界。这样,自然与人的关系疏远了。同时,作为信仰的上帝的真理也破产了,人的意义和价值处于晦暗不明的状况,这就产生了"抽象冲动"。

其次是社会层面的需要,抽象的出现是工业化时代的产物,是对速度、力量、效率等对视觉来说非常抽象而又确实存在的概念在艺术上、精神上的一种回应。大工业生产的标准化、定型化和批量性,取代了手工业产品的个别性、具体性和差异性,必然要求有对形式的某种抽象。现代人生活的具体环境亦要求人们的审美心理逐渐习惯于概括简练的形式语言。所以,抽象是在新的社会历史文化背景中诞生出来的。

再次,再现是内在表现的需要,走向"抽象"是追求内在表现的必然结果。"抽象冲动"其实就是表现的冲动,真正的表现并不是内心的呐喊或抒情冲动,也不能借助自然形式进行这种内心的表现,只能借助于抽象的形式,通过与外部现实没有任何语义关系的抽象符号形式来建立表现世界。艺术和审美走向"抽象",也是追求艺术的自足独立性和美学领域的"语言转向"的必然结果。艺术之自足独立性的思想,包含着三个层面:

(1)艺术自身是独立的,它不是再现世界的工具。

(2)艺术是自足的,艺术在其自身内部的组合中产生自身的意义,而不是通过指称外部现实而获得。

(3)艺术内部有其自身的独特的语法,自身就是一种独立的语言。

艺术是一种自足独立的符号系统,它就像语言一样,在其内部的组合中产生自身的意义,这就是关于"艺术是抽象的"的基本思想。[1]

1.1.1.2 艺术形态创新的基础

艺术形态的创新有其艺术哲学的基础,这种艺术哲学不是处理艺术与对象世界的关系,而是把形式作为艺术的本体,并对这个形式本体进行种种探讨,其主要理论基础如下:

1. 艺术作为"有意味的形式"

1914年,英国美学家、艺术批评家克莱尔·贝尔在其著作《艺术》中把艺术定义为"有意味的形式"(significant form)。"有意味的形式"是一切视觉艺术的共同性质,是艺术品之为艺术品必须具备的一种能唤起这种审美情感的特殊品质。贝尔对他的理论的解释有实

---

[1] 牛宏宝.西方现代美学.上海人民出版社:350-351.

证的和形而上的两个方面。在实证解释中，他把"有意味的形式"归为线条和色彩等纯形式因素所构成的关系和组合。这种关系和组合是纯粹的，意味是非指称性的，与现实或对象世界没有任何关系。在形而上的解释中，他又把"有意味的形式"与"终极的实在"相联系，"有意味的形式"就是使我们可以得到某种"终极现实"之感受的形式，这里所说的"终极现实"就是隐藏在事物表象背后并赋予不同事物以不同意味的那种东西。贝尔在方法论上处于"表现论"和"形式构成论"之间。

怎样通过对形式因素的组合来创造"有意味的形式"呢？贝尔通过分析总结塞尚、后印象主义者、马蒂斯、康定斯基、毕加索等现代主义画家的艺术作品，提出了两种方法：简化与构图。

简化是以创造"有意味的形式"为原则，将与形式意味无关的东西，也就是与艺术无关的东西都尽量简化掉，排除在艺术形式之外。没有简化这一过程，艺术就不成其为艺术。因为艺术家创造的是有意味的形式，只有简化才能把有意味的东西从大量无意味的东西中提取出来。

构图就是把各种形式因素组织成一个有意味的整体。换句话说，就是对形式的组织，使其本身成形。如果说简化就是把纯粹的形式因素抽象出来的话，那么，构图就是把这些抽象出来的纯粹形式因素组织或组合成一个有机整体，从而获得纯粹的形式意味（图 1-1）。贝尔的简化与构图深得现代主义艺术的精髓，他的"有意味的形式"的思想体现着构成主义的精神。[1]

图 1-1　《构成 99》

2. 艺术作为完形形式

在 1912 年左右产生的格式塔心理学，作为现代心理学，具有生理—物理学的实证主义方法论基础，它也与当时欧洲的形式—构成主义有着直接的关系。

格式塔心理学是在继承康德的思想和反对 19 世纪冯特的元素主义心理学中发展起来的。康德认为知觉不是被动印象和感觉元素的结合，而是主动把这些元素直接组织成完整的经验和形式。例如，从我们的窗户看出去，一眼就看见一棵完整的松树，格式塔心理学认为我们是一下子就把这棵松树把握为一个完整整体的，它根本不是感觉元素复合而构成的。把对象一下子就把握为一个完整形式的知觉，就是人的心理活动的格式塔（完形，完整的形态）倾向。

另外一个重要的理论支持就是物理学领域新形成的"场"理论。格式塔心理学美学直接沿用了"场"这个概念。

阿思海姆在其《艺术与视知觉》中全面论述了艺术作品的格式塔构成的种种方面，如平衡、形状、发展、空间、光线、色彩、运动（时间）、张力等。他认为格式塔的精髓

[1]　牛宏宝．西方现代美学．上海人民出版社：296 ～ 297.

在于"平衡",艺术构图中的平衡都反映了一种宇宙中一切活动所具有的趋势。这种平衡不是简单的形式问题,而是有意味的。另外,他认为"张力"构成了艺术中的动态感,对艺术之为艺术是至关重要的。绘画、雕塑和建筑是静止的,可我们怎样感受到运动呢?其原因是艺术中的形式结构有着某种不平衡的强烈倾向,它打破了我们视知觉中的格式塔的平衡倾向,我们的视知觉的平衡就会努力抵制艺术形式上的不平衡,要求恢复到平衡状态。互相对抗较量所产生的结果就是最后生成的知觉对象。只有视觉感受到这种张力,才能感受到画面静止中的运动。艺术家在创造艺术作品时,就是要在作品形式与我们的视知觉之间造成这种张力 。[1]

3. 艺术作为符号形式

把艺术作为纯粹的符号形式,是 20~30 年代发展出的以德国哲学家、美学家恩斯特·卡西尔和美国美学家、哲学家苏珊·朗格为代表的符号哲学美学的基本观点。这一派别把构成主义美学思潮建立独立自足的艺术本体的运动推到了完全成熟的境界,并完成了美学领域的"语言转向"。

贝尔的"有意味的形式"和格式塔心理学美学都把自己局限于视觉艺术的领域,不同的艺术领域都以自足独立的形式结构为其本体。符号哲学美学在更高层次上进行了统一,找到了它们的共同性。

卡西尔认为所有的文化活动都是符号形式,包括神话、宗教、语言、艺术、历史、科学、哲学、伦理、法律和技术,人就是生活于其符号化活动的圈子里,其产品就是文化,文化是诸符号形式的统一体。所谓"符号",就是把感性的材料提高到"抽象",提高到某种"普遍"的形式。同时,"符号"不可能是孤立的、个别的,而必定是有自己的系统,有自己的规则和结构的。这种由规则和结构组成的符号系统,就是"符号形式"。这里的"抽象"、"普遍",是指所获得的形式,而不是概念。卡西尔认为人的意识有三种赋形的功能:表现的功能(expressive function)、指称的功能(representational function)和意指的功能(significative function),意识的这三种赋形功能是可以逐级转换的,也就是表现的功能可以转换成指称的功能,指称的功能又可以转换成意指的功能。在文化的诸符号形式中,与表现的功能对应的是神话和艺术,与指称功能对应的是语言,与意指功能对应的是科学。在卡西尔的符号形式的哲学中,神话形式为所有其后的符号形式奠定了基础,人的所有文化活动都起源于神话意识。神话理论在卡西尔的符号形式哲学中处于基础地位,他的符号形式哲学的美学也植根于神话理论。卡西尔认为艺术与神话有明显的区别,神话是主、客体未分化而处于"交感"状态的整体性符号形态,而在艺术中,主、客体已经分离,艺术是主体把对象作为纯粹的形式来观照的符号形式。卡西尔把表现与构形紧密联系起来,认为没有构形就没有表现,而构形总是在某种感性媒介中进行的。他认为艺术使我们看到的是人的灵魂最深沉和最多样的运动,但这些运动的形式、韵律、节奏等不能与任何单一的、赤裸的情感相对应,我们在艺术中感受到的是生命本身的运动过程的形式——欢乐与悲伤、希望与恐惧、狂喜与绝望等相反两极的持续摆动。在艺术创作中,情感并不导向行动,而是表现为一种构成或构形的力量。卡西尔将表现主义和形式——构成美学创造性地结合在一起了。

---

[1] 牛宏宝.西方现代美学.上海人民出版社:318.

苏珊·朗格认为艺术符号形式的典范不是神话,而是音乐。她的艺术符号形式的哲学理论主要是建立在音乐的分析之上。她认为生活活动所具有的一切形式,从简单的感性形式到复杂奥妙的知觉形式和情感形式,都可以在艺术中表现出来,所以艺术符号形式又称为表现性的形式或生命形式。她将艺术定义为人的情感的符号形式的创造,并认为艺术中的一切形式都是抽象的纯粹形式。自足独立的抽象符号形式的成立有三个条件:首先要使形式离开现实,赋予它"他性"、"自我丰足",要创造一个虚的领域来完成,在这个领域,形式只是纯粹的表象,而无视现实里的功能;其次,要使形式具有可塑性;最后,一定要使形式"透明"。

符号形式的哲学美学产生了巨大的影响,它把表现主义美学与构成主义美学从符号形式创造的角度进行了创造性的结合。当它把艺术归结为符号形式的时候,艺术不再是再现的,其形式也不再是自然的形式,而是一种抽象的符号形式,审美不再与对象相关,而是与主题的构形能力或符号化冲动所创造的符号形式的观照相关。从19世纪开始的西方美学领域的"语言转向"到了符号形式的哲学美学才逐渐成熟。

从此,西方美学可以大胆地把艺术作为符号形式加以理解了,观众可以以理解艺术品的符号形式的"语言"来观照艺术品了,而艺术家也从符号形式的角度来构成他的艺术品了。[1]

1.1.2 艺术形态创新的特征及意义

1.1.2.1 艺术形态创新的特征

传统艺术是再现、写实、模仿性的,现代艺术走向了抽象,在形态上进行了根本性的创新,其特征有三:

1. 形态抽象

现代艺术抛弃了再现、模仿,与外部世界语义信息的联系减到了最低,甚至被完全割断,彻底走向了抽象;而艺术表现的因素被增加和强调,并且是通过某种抽象结构或"纯构图"的形式。这种表现和纯粹抽象的构图被看作与外部可见世界完全无关,只关乎艺术品自身的内部组合和结构的性质,它成了自身指称自身的东西,审美就只能靠对构图或符合形式的观审来完成了。这些我们可以在后期的康定斯基、蒙德里安和马列维奇等大师的绘画中看到。现代抽象艺术是双重的后撤,既是从客观对象上的后撤,又是从对象的意义上的后撤。

2. 精神反叛

反叛传统是现代艺术的重要特征,传统艺术在所有方面都受到了挑战,几乎所有表达艺术概念的词汇(素描、构图、色彩、质感等)都改变了原来的含义。它以反叛传统为旗帜,将整个西方艺术史的演变历程理解为自觉反叛传统的历史,试图以全新的观念来取代传统的审美态度,建立起新的价值标准和审美体系。

3. 语言个性

现代艺术放弃了对客观对象的关照,也就彻底得到了解放,实现了语言的个性化、多

[1] 牛宏宝.西方现代美学.上海人民出版社:348.

样化。从塞尚、高更和梵高等对个性语言的探索开始，现代艺术家都将独特的艺术语言作为其探索的目标。马蒂斯从日本浮世绘中寻求到单纯、简洁的语言灵感；勃拉克从几何结构中受到启发；毕加索对非洲木雕表现语言的偏爱；波菊尼从运动中探索表达时间的语言方式；康定斯基从形式心理学原理中得到启发生成抽象语言。这些独具个性的表现语言成就了现代艺术的价值和生命。

1.1.2.2 艺术形态创新的意义

现代艺术走向抽象、艺术形态的创新不仅自身具有重要的意义，而且对现代设计领域（包括景观、建筑等）具有重要影响，并且实现了艺术形态与设计形态的直接互动。

1. 视觉方式的革命

赫伯特·里德说："整个艺术史是一部关于视觉方式的历史，关于人类观看世界所采用的不同方法的历史。"传统艺术的视觉方式主要是依赖对客观对象的写实、再现和模仿，而现代艺术切断了与客观对象的指称关系和形象联系，将画面完全从视觉对象的复制中解脱出来，通过色彩和线条的构成和组织去表现情感，甚至进行纯形式的演绎，最终构成新的超越现实的视觉感受。关注形式、创造和使用纯形式使得现代艺术形态创新成为了一次彻底的视觉方式的革命，一个形态学意义上的革命。

2. 艺术与设计的互动

现代艺术的形式创新全面走向抽象，使得艺术与设计（包括景观、建筑等领域）有了同构的形式关系，相同或相似的语言结构表达方式实现了真正意义上的直接互动。在反对僵化的古典景观与古典建筑和探讨新的形式语言的过程中，现代艺术的成果与经验起到了一定的启示作用。现代艺术为现代景观与建筑提供了丰富的理论和实践依据。特别是现代艺术所提倡的形式解放，在现代景观形态、建筑形态的创作中都产生了重要影响，留下了不可磨灭的印迹。

3. 设计的原创动力

对景观、建筑形态与艺术创作的互动关系进行研究，就是为当代景观创作在艺术中寻求创作的灵感和原创动力。艺术形态走向抽象恰好提供了这种可能。我国建国后由于历史的原因使得现代艺术的创新发展在一段时间内成为空白，这也是当代风景园林师设计语汇缺乏，盲目模仿照搬西方设计模式与形式，相关领导和一般城市居民偏爱写实形象和西方样式的重要原因之一。所以，我们应该补上现代艺术这一课，为景观与建筑设计领域的创新直接提供原创的动力。

1.2 现代艺术的主要艺术现象及其观念分析

西方现代艺术异常纷繁复杂，但透过其复杂的表象，仍能追寻到其内在的发展规律。我们可以从众多的艺术流派和作品中，归纳出主要的艺术现象和创作理念以及它们共同的表现特点。现代艺术深刻地影响着现代景观与建筑的创作观念、手法，为其提供原创动力。应该系统分析、理解现代艺术的创作观念及创作方法，知其然更知其所以然，才能使我们在景观与建筑创作中更多一些主动性的创新，少一些被动性的"模仿"。

现代艺术主要包括印象派与后印象派、野兽派、立体派、表现主义绘画、达达派、超现实主义、未来主义、构成主义等。

1.2.1 表现代替模仿

野兽派相信色彩具有其独立的生命。以马蒂斯为代表的野兽派画家首先实现了绘画色彩的解放，而在这以前的西方绘画史上，一直把素描作为艺术的真谛，色彩只不过是素描的补充物，处于从属地位。色彩的解放对于20世纪现代艺术的发展具有重要意义。马蒂斯在《画家笔记》中表达了关于表现的信念和观点，他说："我所追求的就是表现。"这是他终生追求的目标和其艺术的基础。他所追求的表现就是把内心的东西通过创造性的构图注入形式之中，而这构图和形式就成了精神或情感秩序的对等物。绘画所达成的结构或构图并不是一种源自对象的结构或构图，而是由内在的精神所决定的构图。虽然马蒂斯身上有浓厚的古典主义因素，强调观察自然，但他观察自然并不是为了模仿自然，而是为了表现观察自然时的内心感受。在表现感受时，自然物象就解体了，所获得的结构就是一种表现的结构。马蒂斯让色彩和构图与自己的内心保持一致，如图1-2《舞蹈》，他的画通过抽象表现，通过内在的原则组织构图，整个画面给人的是一种宁静，一种宗教般的安慰。

图1-2 《舞蹈》，马蒂斯

如果说色彩是由野兽派从欧洲几个世纪的绘画体系中解放出来的，那么造型的解放则是由毕加索、勃拉克共同创建的立体主义来完成的。它的核心是摆脱把绘画当作视觉的真实而进行模仿的概念，建立一种在空间里、时间中的形体的新的表现方法，创造完全有别传统的视觉方式和造型体系。20世纪初的欧洲在科学进步的思想推动下，哲学、物理学、心理学等各个领域都产生了革命性的进步，传统的常规、观念逐渐被抛弃，这为立体主义的认识论提供了一把钥匙："现实包含了隐藏在事物表面现象之下的一系列转化。"转化的结果就是立体主义的重新构造现实。毕加索于 1907 年创作的《亚威农的少女》（图1-3），标志着立体主义的诞生。在这幅画中，已经看不到一个完整的人的形象，看到的只是由抽象的几何形式构成的似人的东西，非洲部落原始的处理对象的办法对毕加索的巨大影响在这里已转化成立体主义的基本语法。

立体主义介于马蒂斯所代表的野兽派和康定斯基所代表的抽象表现主义之间，如果说野兽派还保留了某些物质对象的基本轮廓，那么，立体主义则是对物质对象的形式进行最大限度的肢解和拆毁的现代派别，它是走向纯粹抽象表现主义的一种过渡形式。

图 1-3　《亚威农的少女》，毕加索

立体主义在一种含糊不清的意义上保持了物象之间的关联，如他们经常表现的小提琴或其他物品虽来自于现实物象，但经过处理后，这些物象已不是直接看到的样子，也不是焦点透视法则所控制的主题的再现，而是变成了一组视觉元素的自由组合，一种视觉的构造。在立体主义绘画中，焦点不再集中，也不再把对象固定在一种不间断的连通空间中，而是从不同视点观看同一个对象的不同方面的叠加组合。一切视觉因素都变成了单纯的色块和几何形状，而不是作为知觉对象的再现而存在，它们作为结构的因素被再组织成一个纯属于绘画本身的结构，如图 1-4 所示。

立体主义分为分析时期和综合时期。在分析时期，物象都被瓦解成了碎片，然后再被拼凑在一起。在一个侧面像中，我们可以看到本来在正常视觉中所看不见的

图 1-4　《吉他》，毕加索

另外一只眼睛竖着长在额头上，另外一只本来看不到的耳朵粘在面颊上（图 1-5、图 1-6）。在立体派的综合时期，物象已消退，画面上全是纯粹的色块和几何图形的构成，表明它在摆脱了物质的羁绊之后，走向了彻底的抽象（图 1-7）。

图1-5 《三乐师》，毕加索

图1-6 《奥尔塔·德埃布罗的工厂》，毕加索

图1-7 《卡恩韦勒尔》，毕加索

彻底放弃模拟自然的艺术形式、与具象艺术决裂的是以康定斯基、马列维奇和蒙德里安等为代表的抽象表现主义。他们用崭新的艺术形式反映了意识形态上的现代性，在艺术发展史以及人类活动的其他领域（如景观、建筑等）都产生了非常重要的影响。

康定斯基认为，艺术的惟一原则是"内在的需要"，内在因素决定艺术作品的形式。他认为，抽象形式就是脱离了物质性依附关系的、非自然的三种因素：色彩、形式和声音，而这里的形式指线条、几何图形等。这三种抽象形式可以代替对象而存在，艺术家可以根据内在需要对它们加以自由组织，使内在需要得以表现。一方面是对内在需要的依赖，另一方面是对不依附于自然形式的抽象形式的自由组织，这两条原则就使不表现任何具体对象的抽象艺术成为了可能。在康定斯基成熟期的绘画中，已经看不到任何对象世界的影子，有的只是由抽象的形式产生的构图（图1-8）。

图 1-8 《黄·红·蓝》

　　蒙德里安创立了构成性抽象艺术，他认为抽象应达到纯造型性，以表达纯粹的真实性（图 1-9）。构成蒙德里安的构成性抽象绘画的几大要素：①由直线、直角、矩形、红黄蓝三原色构成画面的基本框架，是依据对宇宙本质的感悟和理解来形成的。垂直线与水平线的交错以及中性的黑、白两色，构成终极纯粹的布局。②均匀的粗细不等的黑色直线的运用。③蒙德里安相信，以"对立的等势"去寻求统一性表现了他的均衡组织原则。平衡关系对于生活而言是最基本的，社会中的平衡关系表示着公平合理的东西，这种均势是由基本的几何图形清晰地构建的。他在此吸收了 17 世纪荷兰哲学家斯宾诺莎所建立的几何学理论体系。如果说康定斯基是热抽象（抽象表现主义），那么蒙德里安就是冷抽象（几何抽象）。他非常理性地运用减法手段，在变化万千的大自然中抽出直线、矩形、三原色，把传统绘画的体积、深度、透视、笔触、绘画性都取消了，创造出了平面的"纯构图"画面。去掉一切无关紧要的多余的东西，得到的是重建的世界。蒙德里安于 1921 年创作的《作曲》是他风格成熟期最完美的一幅代表作品，给人以无尽的想象空间。

图 1-9 蒙德里安绘画

马列维奇是俄国前卫艺术的一位极具独创精神的艺术家，1915年自创"至上主义"艺术体系。他认为："对于至上主义者而言，客观世界的视觉现象本身是无意义的，有意义的东西是感觉，因为是与环境完全隔绝的，要使之唤起感觉。"所以，"有创造性的艺术，纯感觉至上"。马列维奇把艺术语言简化至最抽象的集合元素。《白色上的白色》(图1-10)，在正方形的白画布上，斜放着另一个白方形，色素、色相、黑白……都消失了，感觉两块白色块在旋转中交融形成一种茫然的状态，消失感觉的感觉。作者把作品中的构成关系作为一种精神的终极价值来陈述。《黑圆上的红十字》（图1-11）创作于1927年，20世纪20年代的政治的"革命"带来了文化上的专政，前卫艺术家们生存的环境开始令人沮丧。画面中稍微倾斜漂浮在黑圆前面的红色十字，仿佛支撑在天地之间，好像是一种感情因素在抵抗另一种感情因素，且放出由于它们之间的对抗而形成的力量……白底子上散落着几个倾斜的矩形，若似振翅欲飞又无能为力的伤感状态。马列维奇只用圆形、长方形两种几何抽象要素，使整个画面处于飘摇不定、关系复杂的状态中，用极少的语言表现出那个年代具体的生存的感觉。

马列维奇的绝对几何抽象对俄国构成主义有重要影响，其影响遍及欧洲各国，为包豪斯的设计理念提供了新的思路，并且成为了现代建筑的国际风格和60年代极少主义的先导。[1]

1919年开始的以米罗、达利等为代表的超现实主义受到了精神分析学说的影响，它主张放任无意识，放纵梦想和想象。它与其他现代主义艺术一样，致力于使想象或自觉从理性和程式的约束下解放出来。区别在于，超现实主义在放纵无意识方面更为极端，

图1-10 《白色上的白色》

图1-11 《黑圆上的红十字》

---

[1] 葛鹏仁.西方现代艺术后现代艺术.吉林美术出版社：53.

它主张通过无意识、自由放纵的想象对理性和现实进行一种"癫狂的批判"。它认为，由梦和解放了的无意识所创造的，与现实相对应的另一种现实是更具本质意义的，称为"超现实"。

总之，现代主义"先锋"艺术的诸派别都强调抛弃模仿，根据内在原则来构图和创作。虽然它们的构图可能受到现实对象的"暗示"，但是这"暗示"仍然还是被瓦解和拆毁，另行创造表现性的结构。这是现代艺术与传统艺术的巨大区别。在此，艺术对对象世界的依附关系和指称关系彻底被取消了，一种不意指任何对象世界的艺术和审美诞生了。

1.2.2　时间代替空间

如果说古典艺术是趋向空间化的，那么现代艺术就是趋向时间的。现代艺术抛开客体，追随内在生命的过程，特别是人的体验和情感，这种内在的东西的涌现则是一个时间的川流。当审美知觉不是局限于对一定确定对象的观照，而是生命内在力量的自身流溢，那么，它的呈现样式则是一种时间形式，是一种绵延。

审美的空间形式必然是静态的，但时间形式则必然是动态的，因此，尽一切努力去表现流动和运动就成了现代艺术的必要手法。马蒂斯和野兽派是最早在现代主义艺术中把运动、动态和绵延作为艺术的基本元素的。

马蒂斯认为："瞬间的连续性构成了生命与事物的表面存在并不断地对它们进行修饰和变化，在这种瞬间的连续性下面，一个人能够寻求更加真实、更为本质的特征，艺术家将要捕捉这些特征，从而对现实做出永恒的解释。"马蒂斯的画就像影片一样记录了他一生绵延的种种直觉。他表现这种直觉的时间形式的方法，就是对纯色和无体积感的线条的组合。在他的画中，一切似乎都处于流动之中，色彩被当作音符来加以利用，并根据直觉或表现情感的需要进行自由组织。因为音乐在人类的艺术中最早采用了时间形式，所以追求审美的时间形式的艺术就把音乐作为自身的楷模。

未来主义则把运动作为其追求的主要目标。未来派在其宣言中声称：我们在画布上重现的情节，不再是普遍运动的一个凝固下来的瞬间，它们就是动力感觉自身。在运动中的物象，不停地复现自身，变自己的形。因此，艺术的使命就是捕捉这种运动。

在成熟的立体派绘画中，物象的体积完全被消解了，传统绘画中为了保持画面的稳定而必须设计的水平线也消失了，没有了变动所依据的不变者，只剩下几何形的块面在平面上相互重叠着，每一个块面在各异的相互渗透的平面中同时存在，画面处于不停歇的运动中。

如果说马蒂斯的画中构成审美时间形式的主要是色彩和线条，那么康定斯基的则是线条、点和几何形式。他这样比喻：色彩好比琴键，眼睛好比音槌，心灵仿佛是绷紧的钢琴，艺术家就是弹钢琴的手，他有目的地弹奏各个琴键来使人的精神产生各种波澜和反响。画面在这样美妙的旋律中律动。

现代艺术将时间、运动作为其表现的形式和手段，音乐的旋律和节奏也成为其语言。所以说，古典艺术是空间性的，现代艺术是时间性的、运动性的。

1.2.3 从具象抽象到非具象抽象的发展

从野兽派、立体派到早期抽象表现主义绘画，具象抽象之具象性逐渐减弱，它们所创造的画在指称外部对象方面逐渐减少，如图1-12、图1-13。现代主义艺术家经过不断探索和实验，经过具象抽象的阶段后，终于发现了艺术的自身意义和存在可以不依靠对外部对象的"再现"，可以完全脱离自然物象的具体形象，从此发展到了以抽象表现主义、构成主义、极少主义、概念艺术等为代表的非具象抽象。非具象抽象有两条发展的路径：一条是以康定斯基和抽象表现主义为代表的"表现性抽象"；另一条是以蒙德里安和构成主义为代表的"构成性抽象"。前者强调艺术家的内在情感的表现；后者强调摆脱艺术家的情感表现，创造既不指称外部世界，也不表现艺术家自我内部世界的纯艺术，即所谓"纯构图"。"纯构图"、"格子式结构"可以说是达到了非具象抽象艺术的巅峰。

图 1-12 《二重奏》，勃拉克

1.2.4 从表现到构成观念的转换

需要强调的是，在"构成"的观念与"表现"的观念之间，有着一种内在的转换。在现代主义的第一阶段，以"表现"为核心，在第二阶段，以"构成"为核心。在第二阶段，艺术被创作出来后就与作者没有多少关系了。艺术家虽然在进行表现，但他们的作用被降低了，甚至只起到了一种工具的作用。作品形式的形成主要取决于艺术符号形式系统内部的规律的制约。这种制约表现为符号系统自身的规定和自主作用，也就是抽象艺术自身呈现的力量。换句话说，作为艺术本体的形式，在其产生的过程中，几乎是客观的，而且一旦产生出来，就与作者没有了关系。这样，不仅艺术与对象世界的关系被割断了，

图 1-13 《埃斯塔克的房子》，勃拉克

而且与作者的关系也逐渐隐退了。[1]达到这一阶段的现代艺术，其形式因素的点、线、面等构成关系与现代景观、建筑设计的造型元素就有了相同和相似的造型语言。

---

[1] 牛宏宝.西方现代美术.上海人民出版社：290.

1.3 现代艺术影响下的现代景观艺术分析——艺术形态与景观风格

20 世纪初，现代艺术抛弃了传统的再现论和模仿论，建立了独立自足的形式，即艺术的自足独立性，就像语言一样，在其内部的组合中产生自身的意义（与外部世界无关），从而导致了抽象艺术的产生。在景观设计领域虽然要保守得多，但景观也逐渐抛弃了装饰图案和纹样，开创了以设计内容决定设计形式的功能主义设计理论与实践。现代的抽象艺术语言与景观设计语言具有同构的点、线、面、体、明暗、色彩等元素符号，只是它们的具体表现形式不同而已。

1.3.1 抽象艺术与景观形态

立体主义是 20 世纪最重要的前卫运动，它对后来的现代派艺术都产生过不同的影响。在立体主义影响下的现代园林景观中，立体主义所倡导的不断变换视点、多维视线并存于同一空间的艺术表现方法可以说是现代主义设计的重要手法之一，对称布局已经逐渐消失，在这种观念的影响下，园林中的轴线由多个轴线所取代，空间在不同的轴线组织下相互渗透和叠加，也使人们对空间产生了新的体验。可见，不仅西方现代绘画中的形式语言被运用到了现代的园林景观设计中，而且新的视觉透视和空间组织方式也被借鉴到了园林景观设计中，从而产生了完全不同于传统景观设计的组织和处理方式。

这一艺术手法首先在 20 世纪 20 年代由几个法国设计师——罗特·马利特 - 斯蒂文斯（Robert Mallet-Stevens）、安德烈（Andre）、保罗·薇拉（Paul Vera）和加布里埃尔·圭弗莱基安（Gabriel·Guevrekian）用在庭园景观设计中。从 20 世纪 50 年代开始，一些美国景观建筑师如加勒特·埃克波、詹姆斯·罗斯和托马斯·丘奇，也都受到了立体主义的影响。

法国著名的景观设计师安德烈（Andre）、保罗·薇拉（Paul Vera）独立或合作完成了许多景观设计作品，他们设计的园林景观主要由基本的几何形状构成，草地上布置着修剪规则的黄杨，构成美丽的图案，图案以直线形为多。最有影响的作品是瑙勒斯花园，这个花园位于巴黎市中心，平面呈三角形，设计主要吸收了立体派的思想，以动态的几何图案组织不同色彩的低矮植物和砾石、卵石等材料，围篱上还设置了一排镜子，使花园的空间得以扩大（图1-14、图 1-15）[1]。

图 1-14　瑙勒斯花园（一）

---

[1] 王向荣、林箐.西方现代景观设计的理论与实践.中国建筑工业出版社：35.

从美国的现代景观设计师加勒特·埃克博、詹姆斯·罗斯和托马斯·丘奇等人的作品中，可以看到，在立体主义的影响下，轴线已经被抛弃，取而代之的是空间互相渗透与叠加以及多视点的转换。

表现主义更注重精神与内心世界的表达，虽然其他的流派有时也表达出了这方面的倾向，但是这种特征在表现主义中更加明显。德国是表现主义风格发展的中心，1905年成立的"桥社"标志着其正式的诞生。把表现主义推向高潮的是以康定斯基为代表的"蓝骑士"画派，在研究了立体主义等诸多流派之后，他逐步确定了艺术的真正价值在于其精神性而不是客观性。绘画中要表达出个人的情绪、感觉，甚至是信仰。康定斯基的作品并不像马列维奇的纯粹抽象，与之相反，一种神秘、有生命力的特征一直贯穿在其中。

德国景观设计师里伯斯金设计了犹太人博物馆，MKW设计的博物馆的环境延续了建筑的理念，不规则穿插的线形和极具矛盾感、冲突感的铺装是花园中的主要元素，让参观者不由得回忆

图1-15 瑙勒斯花园（二）

起犹太人在战争中受到的苦难。倾斜的地面传达了对犹太民族坎坷经历的追忆和缅怀，同时，生机勃勃的植物也表达了对犹太民族和平发展的渴望。

另外，著名的西班牙建筑师高迪，他的作品是一系列复杂、丰富的文化现象的产物，他利用装饰线条的流动性表达对自由和自然的憧憬。他于1900年设计的居住区作品，虽然只完成了一部分，但是这一居住区最终变成了"居尔公园"。在这个公园中，高迪以超凡的想象力将建筑和自然景观融为一体，表达了对建筑与雕塑的理解，波动的、韵律的线条和色彩丰富的空间，仿佛让人置身于梦幻的世界中（图1-16、图1-17）。

图1-16 巴塞罗那居尔公园（一）

经过了野兽派、立体主义、表现主义关于色彩、造型与主题精神的抽象过程后，现代艺术（包括抽象表现主义、构成主义）彻底走向了抽象。现代抽象绘画对现代景观的影响非常深刻。

伯尔特·马克为哈勒市某工厂设计的内庭平面图，平直的线条、寓意深刻的交叉、材质的变化与对比以及简单的几何形体的穿插，宛如一幅典型的现代抽象画作品。设计者摒弃了传统观念中"优美"的曲线，而是吸收了蒙德里安构成主义绘画中的概念，将平面转化为一种机械的、近乎冷漠的形态，从而充分反映了"工业化"的设计主题（图1-18）。在法兰克福的名为"理解之舟"的城市公园的设计平面中，我们则看到了一幅更为自由随意的现代绘画，它如同霍夫曼的行动绘

图1-17 巴塞罗那居尔公园（二）

画一般，追求一种偶然的、随机产生的艺术效果。在这里，我们已经看不到勒诺特禾式园林中宏伟的中轴线、严格的对景和四通八达的道路网，取而代之的是更自由的划分。设计者运用娴熟的手法将整个地块分成既随意又明确的几部分，使整个设计显示出强烈的现代气息（图1-19）。再以艾米利·艾劳德为巴黎近郊的潘丁社区所做的设计为例，设计人利用了马蒂斯拼贴绘画的构图手法，虽然要遵循许多设计原则和限制，而且永远不能像马蒂斯那样随心所欲，但设计理念与绘画无疑是相通和相似的（图1-20）。其实，在大多数的现代景观设计中，都可以或多或少地看到现代抽象绘画的影子，或者说体现了现代绘画的某些观念。景观设计师们从现代绘画中获得了灵感，扩大了景观艺术的表现力。

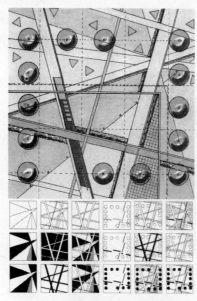

图1-18 哈勒市某工厂内庭平面
图及结构分析图

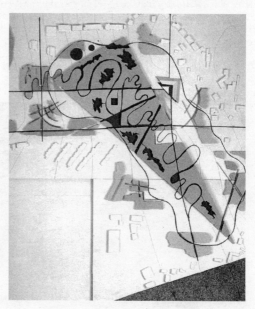

图1-19 "理解之舟"平面图

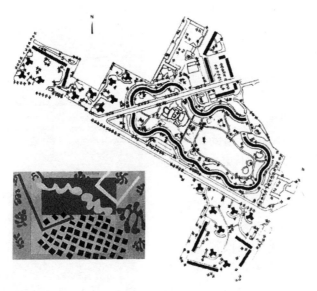

图 1-20 马蒂斯剪贴画及潘丁社区平面图

　　现代雕塑与现代景观有着更为紧密的关系，现代雕塑已经从景观的装饰品、附属物发展为对景观设计产生实质作用和影响的重要因素，其中关键的原因还是雕塑艺术的抽象化。较早将雕塑与景观设计相结合的是艺术家野口勇，他曾尝试将室外的场地作为雕塑塑造的对象，他与建筑师路易斯·康合作的纽约河滨公园的游乐场方案，把地表塑造成各种各样的三维雕塑，如金字塔、圆锥、挡墙、斜坡等，结合布置小溪、水池、滑梯、攀登架等设施，为孩子们创造了一个自由、快乐的世界（图 1-21）。

图 1-21 纽约河滨公园游乐场方案模型

　　在耶鲁大学贝尼克珍藏书图书馆，他用立方体、金字塔和圆环分别象征机遇、地球和太阳，几何形体和地面全部采用与建筑外墙一致的磨光白色大理石，整个庭院浑然一体，成为了一个统一的雕塑，充满神秘的超现实主义的气氛。野口勇把园林当作空间的雕塑，也把这些雕塑称为园林。景观设计师穆拉色善于运用各种石材塑造景观，用在野外精心收集的石块建造广场、平台、挡墙、水渠和瀑布，或者独立的观赏石。他的代表作是波特兰市河滨公园的日裔美籍人历史广场（图1-22），园中用岩石铺成弯曲的小路，花岗石挡墙倾斜在一侧，散置的巨石引导着游人，石头上的文字、诗词及囚禁日裔美籍人的集中营分布图向人们倾诉着历史，草地上美丽的樱花与粗糙沉重的石块形成对比。穆拉色将景观、雕塑和文学融合为一体。女艺术家塔哈的"特定场地的建筑性雕塑"将室外雕塑与景观相结合，也很独特。她的作品大多是直线或曲线组成的层层叠叠的有趣的硬质景观，如"结合"和"溪流"等雕塑（图1-23、图1-24）。以上的艺术家都是从现代艺术(绘画、雕塑）的角度开拓了景观的新形式和新语汇。[1]

图1-22　日裔美籍人历史广场

图1-23　日裔美籍人历史广场雕塑"结合"

图1-24　日裔美籍人历史广场雕塑"溪流"

---

[1]　王向荣、林箐.西方现代景观设计的理论与实践.中国建筑工业出版社：177.

1.3.2 马尔克斯景观艺术的启发

马尔克斯是巴西优秀的抽象画家，他的风格受立体主义、表现主义、超现实主义的影响。同时，他也是一位景观设计师，他认为艺术是相通的，景观设计与绘画从某种角度来说只是工具的不同，他用艺术的手法来画（设计）景观，给人耳目一新的感觉。马尔克斯将抽象绘画构图运用于用植物组成的自由式庭院设计，将北欧、拉美和热带各地植物混合使用，通过对比、重复、疏密等设计手法取得如抽象画一般的视觉效果（图 1-25）。在他的作品中，美丽的陶瓷锦砖铺装屡见不鲜，他用现代艺术的语言为这一传统的要素注入了新的活力，陶瓷锦砖铺装地面本身就是一幅巨大的抽象绘画（图 1-26）。此外，他还创作了很多陶瓷锦砖壁画（图 1-27）。马尔克斯的绘画式平面设计形式强烈，但他的作品绝不仅仅是二维的、绘画的，而是三维的、空间的构成。他还将时间的因素考虑在内，比如从飞机上鸟瞰下面的屋顶花园，或从时速 70 公里的汽车里观望路两旁的绿地，在飞速的过程中获得"动"的印象，自然与"闲庭信步"有所不同，这种注重动态的思维与现代绘画中的"行动绘画"的思想如出一辙。[1]

图 1-25　达·拉格阿医院庭院

图 1-26　圣保罗 Banco Safra 地面铺装

图 1-27　陶瓷锦砖壁画

现代景观的产生，可以说很大程度上是受到现代艺术的影响，并从现代艺术中吸收了丰富的形式语言和造型元素。在现代景观设计师，如丘奇、埃克博等人的作品中都可以看

[1]　王向荣、林箐.西方现代景观设计的理论与实践.中国建筑工业出版社：109.

到这种痕迹。马尔克斯将现代艺术在景观中的运用发挥得淋漓尽致。从他的设计平面可以看出，他的形式语言大多来自于米罗和阿普的超现实主义，同时也受到立体主义的影响。他创造了适合巴西的气候特点和植物材料特性的风格，开辟了景观设计的新天地。他的成功来自于他作为画家对形式和色彩的把握和作为景观设计师对植物的热爱和精通，他将艺术与景观完美地结合在一起。

1.4 小结

本章对现代艺术的源流、形态创新的特征进行了分析总结，并对一些主要艺术思潮，如野兽派、立体主义、抽象表现主义、构成主义等对景观与建筑形态的影响进行了系统分析，这不仅是对历史的回顾，更是为了现实的需要，因为现代艺术始终持续地影响着我们当代的艺术与景观的创作。

现代艺术对形态创新的探索影响着现代、当代的景观与建筑的创作理论与实践。通过分析，我们可以清楚地看到现代艺术形态、艺术语言在景观设计理论、设计语言中的转化。这种转化丰富了景观的形态世界，成为了景观创作的原创动力的一部分。

同时，本章的内容与分析也为下一章后现代艺术与景观的研究做好了背景铺垫。

现代主义的传统是反抗的传统，从对西方工业文明的热情歌颂，到对乌托邦理想的美好追求，在形式创新的道路上走到了 20 世纪 60 年代中期，并达到了形式主义的高潮。但随着形式走向极端，这种为艺术而艺术的纯艺术形式丧失了与生活的对话，必然沦为形式和语言的游戏，最终导致现代艺术理想的破灭，并走向死亡。

第二章 后现代艺术的大众消费现实与现实的矛盾

> 所有艺术（在杜尚之后）都（本质上）是观念的，因为艺术只能以观念的方式存在。
> ——约瑟夫·库苏斯

后现代主义艺术出现于20世纪50年代，其产生的历史背景主要由四个方面构成。其一，现代科学技术发展进入高度发达的时代，科学技术不仅为大众生产了大量的消费用品，而且还改变了世界的构成：我们不再有天空，有的只是天文学；不再有神圣的生命，有的只是DNA；不再有土地的灵魂，有的只是基因控制下的物品的生产；不再有田园和风光，有的只是人为制造出来的主题公园、观光地；不再有祖辈生息而建立起来的家园，有的只是人工制造和控制的大都市……[1] 在科学技术发展的强势影响下，艺术已不再有原先的终极关怀之意义和作用。其二，现代主义在与资本主义商业化的斗争中宣告终结，自由资本已经把世界变成了它的大市场，任何通过生产而产生的东西都可以被资本的自由运作转变成商品，艺术产品也不例外。先锋现代性艺术在与市场的对抗中已经没有了容身之处。其三，大众传播媒体的广泛发展改变和控制了大众的生活方式，传播媒体由原先的报纸和广播等语言媒体占主导转变成了以电视、电影、图像广告、互联网等图像传播媒体占主导。由于艺术的传播天性和媒体的复制特点，后现代艺术与媒体的结合就使它通过复制得到了传播和销售。其四，后现代艺术家也不再像现代艺术家那样，通过无限挖掘其内在自我，通过自我探索来形成自己的意义本源。这个主体已经变得空无一物。主体的衰落、个体——自我主体作者的"死亡"以及所谓本源的形而上学的瓦解和崩溃，都使得后现代艺术失去了精神、意义上的根基，一切都变成了"只是游戏而已"。[2]

2.1 后现代艺术的文化学意义的革命及其特征

在艺术的发展史中，绘画一直是视觉艺术的中心，无论是古典艺术的"再现"、"模仿"、"写实"，还是现代艺术的"抽象"、"表现"、"构成"，绘画一直是以画布为中心的，是色彩、造型、笔触、体积、光影、构图等的组织和形态的创造。当代艺术的实践结果却把绘画艺术推到了极致，它们或者脱离了古典艺术和现代艺术的主题、形象、色彩和构图，而成为一种"非绘画性"的绘画，或者干脆取消了绘画本身，转为对艺术"观念"的关注，使其

[1] 牛宏宝. 西方现代美术. 上海人民出版社：769.
[2] 牛宏宝. 西方现代美术. 上海人民出版社：770.

成为纯精神的观念，所以极简主义艺术家唐纳德·贾德据此宣告了"绘画的死亡"。

后现代艺术具有多元的、实践的性质，抽象表现主义将行动引进绘画，使绘画的过程成为了一个仪式的表演过程；波普艺术将流行的大众传媒引入绘画，电视、广告、招贴画、床单、枕头、汉堡等现成品和实物皆成了艺术的组成部分；极简主义那些缺少美感的几乎空白的画布、几个相同长方体组成的雕塑，追求"初级结构"并将其推向极端，使艺术自身走到了完结的边缘。观念艺术消解了艺术本体，在他们看来，艺术似乎与绘画、雕塑无关，它强调的是在艺术作品背后的"观念"。没有任何深刻意义的广告、招贴、现成物直接成为了艺术，商业进入了艺术，绘画成为了事件和行为，这些都表明艺术已突破了其传统界限，正如美国艺术哲学家阿瑟·丹托所说："最近的艺术产品的一个特征就是关于艺术作品的理论接近无穷，而作品客体接近于零。"所以，后现代艺术是一场文化学意义上的革命——观念的革命。

2.1.1　艺术观念转变的动因及基础

2.1.1.1　艺术观念转变的动因

艺术回归自然社会，走向生活。艺术观念的转变有几个动因：

（1）20世纪起始年代，随着科学技术的全面发展，工业产值迅速增长，生产力水平大幅度提高，商品空前丰富，巨大的消费市场形成，现代科技文明导致了工具理性的畸形发展与人文精神传统的萎缩，周期性经济危机对社会政治、文化、心理产生了影响，高发展、高消费、向自然无限索取造成了人类生态圈的破坏、生态失衡等。人类面临着新的如何生存下去的问题。艺术家面对这些问题，通过对自身的反思，得到了一个文化共识——"关心问题"的思想观念，即艺术的使命应该是回归自然，回到社会和大众之中，参与生活，关心生存环境，关注现实的生存状态，向当代社会提出质疑，表现自己的关切。艺术家应该勇敢地承担生活中的道德责任，艺术重要的不是对风格的渴求，而是对内容的关注，不是对形式的追求，而是对本质的表达，使事物变得真实和创造真实事物，并追寻其意义。

（2）现代艺术在达到形式主义的高峰后，由于其形式的不断纯化、简约而显得极端概念化、非人性化，纯洁无瑕的艺术走向贫乏和枯燥，使人厌烦和不安。形式创新的逻辑结构走向僵化，对结构强调的同时失去本质的表达，正如K·莱文所说的："这种人为形式的创造不能解决这个各方面都蒙受着技术冲击的世界中的所有问题。在一个不单一的世界中，纯粹化是不可能的。"这种为艺术而艺术的纯艺术形式，丧失了与生活的对话能力，滑向了形式和语言的游戏，在走向极端的同时，孕育着新的关注社会、关注大众、关注艺术观念创新的后现代主义的出现。

（3）现代主义的整个文化形态的缺陷与当时西方已进入多元化的后工业社会背道而驰。文化裂痕的出现是必然的。艺术要随着社会的发展变化而变化，这是人类精神需求演化的必然结果。后工业社会是信息时代、后工业文明时代，必然催生出与其社会发展同步的，以表达观念艺术、信息内容为其特点的信息时代的文化衍生体——后现代艺术。

（4）现代艺术与资本主义的商业化进行的斗争最终是后者取得了胜利，现代主义的先锋艺术纳入了市民现代性的范围。自由资本的活力和无孔不入已经把世界变成了它的市场，任何生产出来的东西都可以转化为商品，艺术也不例外。

（5）大众传播媒体的广泛发展改变和控制了人的生活方式，媒体是在不断复制中获得生命的，后现代艺术与媒体的结合使它通过复制才能传播和销售。

总的来说，后现代社会的商品、技术、传媒、娱乐与艺术的结合是后现代艺术产生的重要基础。

2.1.1.2 艺术观念转变的基础

当代艺术需要有当代哲学思辨的支撑，艺术观念的转变有其哲学美学的理论基础。

1. 分析美学与结构主义美学的"语言的囚笼"

杰姆逊的"语言的囚笼"这个提法，概括分析了美学和结构主义美学是如何使美学整个地局限于语言分析和语言结构之中的。结构主义是建立在瑞士语言学家索绪尔的结构语言学的基础上的，它把索绪尔所建立的语言之深层结构描述作为普遍可适用的模式，去揭示任何可被看作是文本的东西，如艺术作品、神话、民俗或哲学文本等，以图在这些文本中揭示出起自主作用的深层结构模式。语言分析哲学是由英国逻辑实证主义发展而来的哲学，这种哲学的目的是力求在语言的层面上建立一种科学的、类似于数学一样的事实陈述逻辑。此哲学后来在维特根斯坦的引导下，发展出了对语言的使用进行分析的哲学，即语言分析哲学。

后现代文化是一种整体上陷入语言或符号的"囚笼"中的文化。人类社会贯穿性的主题就是人如何本真地与现实相关。但到了后现代时期，这个人类文化的核心主题突然间消失了，语言或符号取代了直接现实，人所面临的和拥有的只有语言和符号，语言和符号就是我们所能面临的惟一现实，可以说，科学技术的高度发展使得一切都可以用符号来加以表达，这极大地推动了所谓"语言的囚笼"说的确立。"信息社会"其实就是一个符号化的社会。

2. 后结构主义—解构主义的消解和解构

后结构主义—解构主义的代表人物主要有法国思想家拉康、福柯、德里达等。解构主义就是一种解释学，如果我们把结构主义看作是一种建构的解释学的话，那么，解构主义就是一种拆解的解释学。德里达认为，通过差异原则、在场与缺席的游戏、"去中心"等方面对"语义中心主义"、"在场形而上学"的解构，我们既能体验到痛苦、惊慌、不知所措，也能体验到真正自由游戏的快乐。这种快乐与解构的经验、解构性质疑、游戏式阅读或写作密切相关。

解构主义并不要求把被它解构的世界重新整合为一个有序的世界，它所追求的就是一个多元因素差异并置的世界。只有消除了思想表达形式中的"在场"、主体、终极意义以及中心、结构等专制的权力力量，我们才能真正获得自由。这是后结构主义思想的基础。这是在此意义上，作为纯然的后现代性思潮，后结构主义标志着以"我思"主体为根基的现代性思想模式的终结和"现代性哲学的终结"，它开启了一个新的时代。后结构主义的美学比以往的任何美学思潮都更彻底地动摇了现代性美学和审美模式。

3. 大众社会的出现与大众观念的觉醒

20世纪西方艺术观念发生了重要转变，从最初的对大众艺术的成就的否定与对大众的能动作用的否定转向对大众艺术的成就的肯定与对大众的能动作用的肯定。传统的艺术审美观念是建立在精英性的基础之上的，而大众社会的出现与大众观念的觉醒使得大众性成为了当代艺术审美观念转型的契机。大众性使得当代艺术被重新改写，将艺术置身于商品、技术、娱乐这前所未有的三极之间，从而催生一种与精英艺术相对的，以商品性作为前提、以技术性作为媒介、以娱乐性作为中心的艺术类型，这就是大众艺术。

2.1.2　艺术观念转变的特征与意义

2.1.2.1　艺术观念转变的特征

后现代艺术观念转变既涉及它的内涵——其内部观念的反叛与探索，更涉及它的外延——其从实质上表现出的对于各种界限的突破，将艺术推到了某种极端的状态。后现代艺术观念转变有以下几个特征：

1. 绘画的终结

西方古典艺术与现代艺术都是以画布为中心的，而当代艺术却抛弃了艺术的绘画性，远离了古典与现代艺术的主体、形象、色彩与构图，它们要么成为一种"非绘画性"的艺术，要么干脆取消了绘画本身，转为对艺术观念的关注，使绘画艺术转变为纯精神的观念。从当代艺术中的行为绘画、波普艺术、极简主义和观念艺术等的创作实践中我们可以看到，艺术似乎都与绘画无关，所以，从这个意义上讲，"绘画的艺术"已经终结，作为概念和观念的艺术得到了发展。

2. 艺术与生活"距离的消失"

当代艺术不认为艺术是自足独立的、"有意味的"形式，它与生活中的用品没有什么区别，这就是当代艺术中"距离的消失"。当代艺术极大地消解了现代艺术那种纯粹的清教徒式的贵族面孔，呈现出一种超越边界的无限开放的姿态。这种转变包含有波普艺术对通俗形象和日常事件的选择，也有观念艺术对观众的参与的需要等。现代艺术所强调的纯粹的形式被当代艺术关注的现实的"生存"、"生活"所代替。当代艺术家对于我们自身生存、生活状态的关注，使得他们将艺术转变为生活，又把生活转变为艺术，艺术与生活得到融合，跨越了艺术与现实、艺术与非艺术、艺术与大众之间的鸿沟，最终达到了超越现代艺术的目的。

3. 艺术反艺术、反形式、反审美

当代艺术被解构以后的无序，呈现出反艺术、反形式和反审美的"总体"面貌——一种中心失落之后的荒诞。

（1）"不确定性"

"不确定性"指由下面这些不同概念勾勒出的一个复杂的范畴：模糊性、间断性、多元性、散漫性、反叛、变形等。其中，仅变形一词就包含了许多当今表达自我消解的术语，如反创造、分解、解构、去中心、移植、差异、分裂、片断化、反正统、反讽等。这种不确定性抛弃了逻辑，从而呈现出了令人眼花缭乱的关联偏差的无限可能性。

（2）"反讽"

当缺少一个基本原则或范式时，我们转向了游戏、相互影响、对话、语言、寓言、反省——总之，趋向了反讽，这种反讽以不确定性和多义性为条件，也就是说，在追求真理或意义时，真理或意义总是不在场，由此形成了一种自我的讽刺。

（3）"狂欢"

它指后现代主义把种种不同的东西聚合在一起时所产生的那种不和谐但又刺激的喧闹和喧嚣，同时它也传达了后现代主义那种喜剧式的甚至荒诞的精神气氛。

（4）"表演性"、"参与性"

它指后现代艺术取消了审美静观，要求身体直接参与，即行动和表演。

它其实是一种自我陷入当下的自我陶醉、自娱，观众与艺术之间的距离消失了，行为艺术典型地体现了这点。

（5）"精神分裂症的语言"和"戏仿"

它们都与"中心失落"、主体性衰落、意义和本源丧失、虚无、缺乏联系性等有深刻的联系。"精神分裂症"指后现代艺术话语的零碎化、碎片化、缺乏连续性、丧失中心而不能聚合的特征。"戏仿"则是缺乏中心、主体性、意义本源、所指和整合的力量的必然结果。由于缺乏强有力的意义本源，由于作为现代性意义本源的个体主体的死亡，后现代主义艺术就只能"剽窃"、"蹈袭"以前所有经典的东西了。

（6）大众艺术的崛起与泛化

传统的艺术审美观念是建立在精英性的基础之上的，而大众性使得当代艺术被重新改写。这种改写是将艺术置身于商品、技术、娱乐这三极之间，从而催生出了一种与精英艺术相对的以商品性为前提、以技术性为媒介、以娱乐性为中心的艺术类型——大众艺术。大众艺术的崛起在当代艺术审美观念的转变中具有重大的意义。大众艺术的问世，意味着人类艺术审美观念本身的边界的极大拓展（艺术的生活化），也意味着商品、技术、娱乐本身的文化含量、艺术美学含量的极大提升（生活的艺术化）。[1]

2.1.2.2　艺术观念转变的意义

后现代艺术观念的转变具有重要的意义：首先，它从现代艺术的注重艺术形式、脱离现实世界，转化为注重艺术观念、关注社会现象，注重自己的社会责任；其次，后现代艺术打破了艺术的传统界限，打破了艺术各个领域，艺术与生活之间的界限，使得艺术不再高高在上，而是进入社会和大众生活的每个角落，改变了大众的生活面貌；另外，后现代艺术观念的转化极大地解放了艺术家的创作思维和创作观念，促进了艺术创作理论的创新和研究；最后，以上各方面开拓了当代景观与建筑的理论研究和创作实践的思路，并且为其提供了方法论的指导，其影响是不可估量的。

2.1.3　艺术与理论（艺术创作与艺术理论）的关系重构

在现代艺术"表现"的时代，艺术家创作凭借的是天赋，是天赋造就了艺术家，从而造就了艺术家的艺术风格。这是一个艺术与人文学科相互排斥的时代，人文学科掌管理性，而艺术掌管感性。在这种感性狂热中，理论无法干预艺术家，艺术家也从来不听从理论对艺术的指引，因为理论对艺术所总结的某种艺术规则（那种理论的任务就是要为艺术家概括出某种条条框框）只能是限制其创作的冲动，让艺术家一无所获。所以，有一种说法，只有低手庸才会以理论作为他的金科玉律。但当代这种艺术的态度已经完全改变了理论的身份，即理论总是冲击着艺术而不是尾随艺术。由此，艺术与理论已经改变了原先的关系，

[1]　潘知常.美学的边缘——在阐释中理解当代审美观念.上海人民出版社：549.

艺术不再是形式的创造，而是观念的创新，而观念是需要理论来引导的。当理论已不再是一种艺术的障碍，艺术家凭借理论来设计和指导自己的艺术创作，艺术能指的差异性就在理论与理论之间，这对以前不重视艺术理论的艺术家当然是一种苛求，没有什么时候会像今天这样让艺术家伤透脑筋，即绘画技巧已不再是艺术家的全部，它要求艺术家要另外增补更至关重要的能力，即对艺术的理论分析。现代艺术过渡到后现代主义艺术，艺术家也由技术、技巧型向学者型、理论型转化。这样，艺术家绝不再是画工，他身兼两职——艺术家与批评家。他要让艺术存在于对自己作品的观念解释之中，这种解释是艺术家的艺术实体——思想、观念、精神的视觉形式。

后现代社会和后现代文化这个大背景决定了艺术家要从单一认识向度向多维认识向度发展，要了解和掌握历史、哲学、社会学、人类学、生物学、环境学等各学科的知识，关心现实社会和生活的敏感问题并进行深刻的思考和反省。站在当代文化的高度上提出问题、回答问题，才能从文化的深层去认知，不仅要解决作品构成的技术问题，而且还要能揭示人类生存的现实状态以及预示未来的文化指向。造型艺术家要减少传统意义上的手的功能，而去培育一颗智慧的大脑：发展艺术家的意识形态、思维智慧和高智能实验能力。只有艺术家具备了足够强的自身心理素质和智慧的巨大综合能力，方可在艺术上超越、升华。21世纪的艺术作品不仅要满足视网膜的功能，更重要的是，要重铸文化精神、智慧和思维方式。总结一句话就是：塑造一个思想，而非塑造一个形式。

艺术与理论的关系重构与艺术家的角色再定位对我们景观与建筑设计师具有重要的启示作用，景观园林师也应该从过去单一重视表现与造型技巧向重视理论思考和观念创新转化。当今世界已进入"知识就是资本"的时代，只有具备知识和智慧才能创新，而创新是知识经济的灵魂。思想有多远，我们的景观创作之路就能走多远。

2.1.4　现代艺术与后现代艺术的比较

现代艺术与后现代艺术在审美观念、文化特征、艺术风格和艺术观念等各方面都表现出了明显的差异。[1]

现代艺术：国际化、实验性、反传统、崇尚新、风格化、形式美、同一性、标准化、经典化、永恒化、精英意识、理想主义、迷信理性、信奉科学、崇尚技术、自我中心主义、追求完美和纯洁、明晰和秩序、结构的条理性。

后现代艺术：民族意识、地域

现代艺术与后现代艺术术语的比较[2]　　表2-1

现代艺术	后现代艺术
形式风格	信息、媒质
语言创造	媒体创作
形式主义	人本主义
本体论	智性论
大师代码	个人习语
塑造一个形式	塑造一个思想
一场美学革命	一场观念革命

---

[1]　葛鹏仁.西方现代艺术与后现代艺术.吉林美术出版社：164.

[2]　同上：162.

古代、前现代、现代、后现代诸历史时期社会、技术、文化的比较[1]　　表2-2

历史演进		科学技术	后现代性的分期	产业	社会结构	时间	空间	文化	符号
-1000000 -500000 -300000 -200000 -100000	原始	燧石 掌握火 最初的埋葬	古代	自然生成 ·采集 ·渔猎	母系生态 ·无名共同体 ·自然法则	时空整体	洪荒世界	女神文化 ·生殖崇拜 ·野性思维	符码化
-50000 -20000 -8000 -5000		工艺 农业 陶器	前现代时期	新石器革命 ·农耕 ·手工业 ·松散	部落封建制 ·贵族与祭司阶级 ·佃户阶级	缓滞或循序地变化	乡村城邦	君权政治文化 ·大一统语言 ·崇高意志 ·铁血风尚	超符码化
-1000 -0	古代	冶金术、巨石建筑 轮子 文字 水利、冶铁术的传播							
1000	文艺复兴	机械 水磨 钟							
1500 1700	古典时代	透视法 机械舞台采矿冶金术	现代时期	工业文明 ·工厂生产 ·复制 ·军事化	资本体系 ·中产阶级 ·劳动阶级	单向度线性进展	国家主义 ·理想企业 ·排他 ·殖民	资产阶级文化 ·精英大众 ·二元对立 ·摩登时髦	再符码化
1800 1900 1950	工业文明	蒸汽机、化学工业 机床、铁路 电、合成材料飞机 远距离通信、汽车							
1960 1980 1990 2000	从批量生产到交通	征服宇宙 信息科学 不同成分组成的材料 生物工艺 通信计算机化	后现代时期	资讯革命 ·公司企化 ·分裂性生产 ·地方分权	全球化 ·知识生产的知者阶层 社会服务群体	时间的空间化	国际区域 ·跨国 ·互动 ·网络 ·后殖民	多元文化 ·精神分裂式风格 ·消费 ·仿真	解符码化

[1] 岛子.后现代主义艺术系谱.重庆出版社:70.

性、复归传统、多元共生、差异性、多向度、多样化、混杂的、折中的、开放的、追问的、游戏的、无中心、非理性主义、不确定性、非连续性、暂时的、怀疑的、亲近自然、承认大众文化和民间文化、打破公式、正视现实。

可以看出,后现代艺术正是背离现代艺术的特点,走向现代艺术的反面的。从本质上说,现代艺术是语言创造,突出本体论和形式主义,而后现代艺术是媒体创造,强调人本主义和智性论。后现代艺术主张兼容的美学观,即横向包容:本土的、外国的、高雅的、俗气的、新的、民间的都可以随意撷取;纵向拼接;传统的、古典的、现代的、当代的都可以加以综合,热衷于挪用。没有固定的形式,没有固定的风格,没有固定的画种界限。可以任意混同运用,抽象的、具象的、现实的、荒诞的,任何材料、媒介、手法都可以同时并用。艺术家想怎么创造就怎么创造,也就是说,内容是混杂的,方法是综合的,风格是自由的。后现代主义展示其宽容的态度,给予了艺术家百无禁忌的权力,可以从容自由地创作。

现代艺术与设计——后现代艺术与设计的比较　　　　　　表2-3

	现代艺术	后现代艺术
哲学	理性主义	非理性主义
美学	形式派美学、精神分析美学、符号学美学	分析美学、结构主义美学、后结构主义美学——解构主义
思想	对技术的崇拜,强调功能的合理性与逻辑性	对高技术、高情感的推崇,强调人在技术中的主导地位和人对技术的整体化、系统化把握
文化观	精英文化	大众文化(精英文化与大众文化的界限消失,或者说是跨越了精英文化与大众文化的二分模式)
艺术风格与艺术观念	野兽派、立体主义、抽象表现主义、构成主义	行为艺术、观念艺术、波普艺术、超现实主义、偶发艺术、大地艺术、装置艺术
历史	从19世纪到二战结束,以工业革命以来的世界工业文明为基础	从20世纪70年代到现在,以科技和信息革命为特征的后工业社会文明为基础
设计语言	功能决定形式,少就是多,无用的装饰就是罪恶,纯而又纯的形式,非此即彼的肯定性与明确性,对产品的实用性原则、经济性原则和简明性原则的强调	产品的符号学语言,形式的多元化、模糊化、不规则化,非此即彼、亦此亦彼、此中有彼、彼中有此、混杂折中,对产品文脉的强调
方法	遵循物性的绝对作用、标准化、一体化、专业化和高效率、高技化	遵循人性经验的主导作用,时空的统一与延续,历史的互渗、个性化、散漫化、自由化

2.2 后现代艺术的主要艺术现象分析

后现代艺术所取得的成果更加令人瞩目，它们以抽象表现主义为起点，以反对现代主义艺术观念为目标，展开了激烈的艺术变革，把艺术引向了一个异彩纷呈的世界。后现代艺术可谓盘根错节、散乱繁杂，其脉络异常纷乱复杂。但我们仍能透过其表象梳理出内在的转变与发展的趋势，后现代艺术对当代景观理论研究与创作观念的影响是深刻而广泛的。

后现代艺术主要包括：波普艺术、极简主义、过程艺术、偶发艺术、观念艺术、大地艺术、行为艺术等。

2.2.1 艺术回归观念

观念艺术是艺术观念的极端发展。观念艺术，顾名思义，就是关于"观念"的艺术，在观念艺术中"艺术观念"被单独凸显出来，甚至其中只留下"艺术观念"。杜尚在 20 世纪初提出了"反艺术"观念，将日常现成物转换成为艺术，如图 2-1 所示的喷泉，对观念艺术具有重要启示作用。这种现成物将艺术的焦点从语言的形式转化为所说的内容，这是艺术本质问题的转换，是从"外观"到"概念"的转化，是观念艺术的开始。指称某物为艺术，这正是一种"赋予观念"的过程，从这个意义上说，杜尚可称为观念艺术的鼻祖。"所有艺术（在杜尚之后）都（本质上）是观念的，因为艺术只能以观念的方式存在。"[1] 但从激进的观念艺术观念来看，只有彻底"观念化"的艺术才是艺术，才是观念艺术。

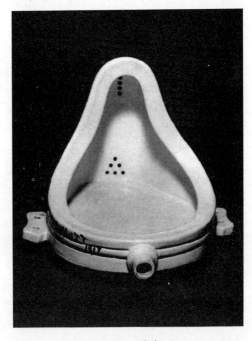

图 2-1 喷泉

约瑟夫·库苏斯和索尔·勒维特都是观念艺术的主要代表人物，前者是观念艺术里面一个主流门派"语言学观念主义"的代表，后者是另一个门派"主题式观念主义"或称"非理性观念主义"的代表。库苏斯和勒维特有不同的美学理论。库苏斯坚持"艺术创作的理性模式"，这种模式"确定了艺术家的中心与权威的地位"，艺术家在观念艺术的创作中始终都是决定者；与此相对应的，勒维特则认为"观念主义艺术"作品是依据一种逻辑顺序创造出来的，它并不需要直觉、创造力和理性思考……这种创作过程，就本质而言，一句话，就是非理性的。另外，这两种观念主义的区别还表现在"接受美学"方面。前者的理性主义认为只有观众主观思考的参与才能获得成功，后者则接受了"无限的公众"的观念，认

---

[1] 刘悦笛．艺术终结之后．南京出版社：320．

为观念艺术品一旦被创作出来就失去了控制，不仅艺术家不能控制观看者对艺术的态度，而且即使对同一作品，不同的人也可以采取不同的态度。由此可见，库苏斯的美学是属于"作者中心"论的，而勒维特则强调了"接受者"的重要价值。

对观念艺术的"观照"，并不会像对传统艺术那样直接诉诸感官就可以了，更要诉诸于头脑。观念艺术已非"眼的艺术"而是"脑的艺术"，已非"看的艺术"而是"思的艺术"了。对观念艺术的观赏，需要经过一系列的心理过程。以库苏斯的观念艺术品《椅子Ⅰ与Ⅲ》（1965）（图2-2）为例，作品里"椅子的照片"、"真实的椅子"、"椅子的词条"并置在同一个空间，这里面深藏着作者的哲学思考，对物的"视觉"和"文字"呈现的"本质"之追问。观念艺术似乎与中国本土化的佛教禅宗的某些观念具有相似和默契之处。借用禅宗公案中青源惟信禅师的一段话："老僧三十年前来参禅时，见山是山，见水是水。及至后来亲见知识，有个入处，见山不是山，见水不是水。而今得个休歇处，依然见山是山，见水是水。"这里面和我们鉴赏观念艺术作品《椅子Ⅰ与Ⅲ》一样充满了禅宗的"玄机"。

观看《椅子Ⅰ与Ⅲ》之初，相当于参禅初时，这个作品被置于美术馆的语境里，而且注明这就是艺术，人们来的目的也是观赏艺术品，这是"看山总是山，看水总是水"。

图 2-2 椅子Ⅰ与Ⅲ

然而，疑惑出来了，将两把椅子（一个实物、一个照片）和椅子的词条并列在那，就成了艺术？按传统审美观念比照，"这不是艺术"，即"禅有悟时"，此时，便"看山不是山，看水不是水"了。

最后，经过思索领悟到作品的真义的"禅中彻悟之时"，"看山仍是山，看水仍是水"。这就是艺术嘛。

观念艺术所注重的"赋予观念的过程"，与参禅的过程具有"异曲同工"之妙处，都是要找寻一种艺术的本来面目。

后现代所有的艺术革新都是"观念"的，艺术向生活里真实的观念回归，这也是观念艺术带来的重要启示。

2.2.2 艺术回归身体

在 20 世纪 70 年代，行为艺术就开始风行于欧美世界，至今仍具有强大的艺术生命力。行为艺术的产生和发展是有一个过程的，其实，在早先的现代艺术内部就已经孕育了"走向"行为的萌芽。首先，是未来主义确立了行为艺术的起点。菲利波·托马索·马里内特于1909 年 2 月 20 日发表的《未来主义宣言》就已经提出："艺术可以成为日常生活的进行样式，观者也可能直接参与到艺术的过程中来。"
其后，未来主义的一系列主张和行动都可视
为行为艺术的雏形。其次，达达派推动和加
速了行为艺术的出现并成为其动力源泉。达
达创作本来就具有随机性，就是说，作品的
取材并不重要，重要的是形成作品的过程本
身，也就是这种不确定的偶然性直接引发出
偶发艺术和行为艺术的特性。另外，包豪斯
的戏剧也起到了助推作用。桑迪·沙文斯基
和约瑟夫·阿伯斯于 1936 年开创了"舞台研
究项目"，他们在音乐和舞蹈上实验各种素材
和形式，强调日常生活和"日常的真实状态"，
着重点还是"行为"，力求找到一切艺术都可

图 2-3 "滴画"创作

以融合的基础。原属于达达派的杜尚，也可以说是观念艺术的创始人。早在 1914 年，杜
尚丢下三根一公尺长的线，当线落在下面的画布上，他就将线以落下的形状粘贴在画布上，
完成了其创作。在此，他强调了其创作的随机性模式。另外一个比较有影响的是美国抽象
表现主义大师波洛克的"滴画"创作（图 2-3），依赖一种随机的创作过程来完成其作品，
这与中国传统水墨画的"泼墨"以及刘海粟独创的"泼彩"有异曲同工之处，都是追求一
种自然的艺术效果，这些都对行为艺术有重要启发。

行为艺术与现代主义的"艺术行为"有着紧密的传承关系。"艺术走向行为"的特性
其实早就潜藏在各种艺术流派和思潮之中了，行为艺术只是将其核心特质凸显了出来。

行为艺术具有"环境"、"身体"、"行动"、
"偶然"四要素。它与传统艺术形式具有历史
性的断裂，图 2-4、2-5 也可说明。

传统艺术从"身体"到"行动"再到"作
品"的流程是不可逆的、单向的，同时，"身
体"与"行动"都是次要的，重要的是结果"作
品"。现代艺术中已经出现了对这种单向流程
的变革，如"行动绘画"，尽管还着重在"作
品"上，但却将流程中的"行动"要素凸显
了出来，再如开始跨过后现代艺术界限的"身
体艺术"就直接将原始"身体"要素提取出来，
试图抛弃传统的作品观念。[1]

图 2-4 传统艺术简图

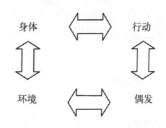

图 2-5 行为艺术简图

"行为艺术"作为更成熟的当代艺术形式，
创建了它完整的艺术体系。吉尔伯特与乔治在 1970 年创作的著名行为艺术——《演唱者
的雕塑》（图 2-6）诠释了行为艺术的典型特质。在这个《演唱者的雕塑》里面，两位艺术

---

[1] 刘悦笛·艺术终结之后·南京出版社：286～287.

家最重要的艺术工具就是他们作为活动雕塑的"身体"以及两位艺术家模仿演唱歌曲而做出的一些"行动"。进而，每次的行为表演中，两位艺术家的行为动作基本都是"随机"、"随性"、"即兴"、"偶发"的。最后，就是"环境"，他们演出的地点是不断变化的，有时是美术馆和画廊，有时则是艺术情景之外的地方，这都为他们的行为构成了背景环境，而且整个过程中四个要素是互动的。

图 2-6　演唱者的雕塑

　　总之，从"偶发艺术"、"身体艺术"、"行动绘画"到"行为艺术"，基本朝着相同的道路前进，都是要回归到身体来进行艺术创造的，最终目的是要打破艺术与生活的界限。在偶发艺术家与行为艺术家心目中，真正的艺术是作为"像生活的艺术"而存在的，这种艺术就应当直接"与日常生活当中的各项活动互动"。在"目的是要像生活"之类的艺术里，无论是偶发艺术通过偶然的动作接近生活的本质，身体艺术通过身体艺术语言来观察真实生活，还是行为艺术通过行为过程的实施来获得贴近生活的经验，都是为了通过对"过程"的注重，使生活向艺术靠拢。

2.2.3　艺术回归自然

　　"大地艺术"是当前欧美艺术中的重要流派之一，它的独特与重要之处就在于以地表、岩石、土壤等作为艺术创作的材料。该艺术运动起源于 20 世纪 60 年代末，主要代表人物有罗伯特·史密斯、米歇尔·海泽等。大地艺术以"回归自然"为宗旨，参与进"同大地相联的、同污染危机和消费主义过剩相关的生态论争"，从而形成了一种反工业和反都市的美学潮流。

　　非常值得一提的是，大地艺术与中国传统道家美学思想有着异曲同工之妙。大地艺术要求某艺术活动真正走向广阔的"天地之际"，其创作材料包括森林、山峰、河流、沙漠、峡谷、平原等大地自然材料，同时可以辅助以建筑物、构筑物等人造物。史密斯在美国犹他州大盐湖中创作的著名大地艺术作品《螺旋形防波堤》（图 2-7），就是由黑色玄武岩、盐结晶体、泥土等形成的巨大的螺旋形。大地艺术强调要尽量保存自然的"原生态"，认为只有自然才

图 2-7　螺旋形防波堤

是一切事物的原初源泉。在艺术手法上，大地艺术强调采取"极度写实主义"的手法（图 2-8、图 2-9）。所有这些都和道家的"天地有大美"、"原天地之美"等美学观是相通的。

图 2-8 闪电的原野

图 2-9 时间之岛

当代大地艺术重塑了"天、地、人"三位一体的和谐关系，在大地艺术中，人不再具有"主体性"的地位，也不是改造自然的"人"，而是要与自然保持和谐和依存的关系。这与老子的"故道大、天大、地大、人亦大。域中有四，而人居其一焉"的思想如出一辙。

大地艺术家们普遍认为艺术与生活、艺术与自然之间没有严格的界限，在艺术创作中要寻求与自然的对话，让艺术回归到真实的自然。

2.2.4 艺术回归生活

生活直接变成艺术，这曾经是现代艺术精英的主张之一，后来转化为了后现代艺术的根本诉求之一。20 世纪初叶，现代派的未来主义、达达主义、超现实主义就已经开始探索和实践艺术向生活的转化，但还是后现代艺术真正打破了精英文化与大众文化的界限，使艺术与日常生活之间的距离消失了。

未来主义早在 20 世纪初就提出了"我们想重新进入生活"的纲领性主张，并且进行着不断的尝试和探索。杜尚在 1914 年将日常用品直接贴上标签当作艺术品，使达达主义成为了艺术与生活相互融合的倾向的最重要代表。

1924 年诞生的超现实主义接受了达达主义的基本精神，也试图取消艺术与日常生活的界限。"虽然超现实主义一开始就宣称自己是一场艺术运动，但它希望被看作是一种生活哲学。""它打破了传统，摧毁表面的秩序，使用惊奇的手段迫使我们注意"，以此达到关注日常生活，重新融入日常生活的目的。

波普艺术在 20 世纪 50 年代末开始兴盛，此后风靡世界，其影响持续到 70 年代早期。波普艺术与流行的大众文化互相渗透、互相影响：大众文化会从波普艺术中汲取营养，波普艺术也从大众文化那里获得灵感。波普艺术在诞生之初是以英国为中心的，后来逐渐转移到美国，主要是因为美国的文化是波普艺术的沃土，美国商业化的社会现实，使得波普艺术获得了更大的发展空间。

波普艺术（Pop Art）中的"Pop"是从英文词"popular"中截取的一部分，有流行的原意，但它们的基本含义却不能等同于流行。流行文化的重要载体就是"大众"，但是这种自动盲从和随波逐流的大众却不能包含波普艺术家在内，因为波普艺术基本上"否定"将自己划为"大众艺术"和"大众文化"，虽然它也和后现代主义一样力求打破精英和大众的沟壑，但它本身并没有对商业文化投降。波普艺术这样做就是要在某种程度上保持对现代社会的一种"批判性的态度"与"态度的批判性"，流行文化与大众文化则根本缺少这一维度。波普艺术的美学特质被理查德·汉密尔顿归纳为：波普艺术是通俗的与流行的(具有通俗性与流行性)、短暂的(具有瞬间性)、可消费的（具有可消费性）、便宜的、大批生产的、年轻的、机智诙谐的（具有机智性）、性感的、诡秘狡诈的、有魅力的、大生意的（图2-10）。

图 2-10 《是什么使今天的家庭如此不同，如此动人？》，理查德·汉密尔顿

波普艺术的这十一种特质是其"原初性"的美学特质，所以并不像有的艺术家所认为的"这种定义与其说适合于波普艺术，不如说更适合于广告"[1]，因为波普艺术只在表面上同大众商业文化具有相似性，甚至可以说非常相似（这也是本书把波普艺术归入后现代艺术的主要原因，另外一部分原因是由于后波普的出现），波普艺术从未放弃在艺术史上的追求，它最初毕竟是一种精英化的艺术形态，即使后来美国波普艺术、后波普有了某种变异。

波普艺术的作品来自日常生活，其特征是"画面上没有紧张的强度，只有诙谐的模仿"。波普艺术家们否定上层社会的艺术口味，把自己的注意力转向了"以前认为不值得注意更谈不上用艺术来表现的一切事物"，"波普艺术家注意象征性……选择小汽车、高跟鞋、时装胸架等现代社会的标志和象征"，"把互不相干的不同形象结合在一起，在比例和结构上作莫名其妙的改变"。

波普艺术家们通过对现代"机器文明"的夸张表现，刻画了这个物质丰富而精神空虚的世界。他们的目的不在于讽刺挖苦，也没有任何反抗的意思。他们观察包围着我们的物体和形象，力求通过生活中最大众化的事物把观赏者和创作者都融于生活之中，如通俗喜剧、披头士、海报画等。

波普艺术的表现手法可以归纳为三类：

1. 再现日常生活品的手法

波普艺术家们讲求回归生活环境，重新审视我们平时司空见惯的各种物件，不管是美的还是丑的，高雅的还是平凡的，都赋予它们新的意义，让人们重新认识它们。

---

[1] （英）弗朗西斯·斯帕丁.20世纪英国艺术.陈平译.上海人民美术出版社，1999：220.

贾斯伯·约翰斯的《三面国旗》（1958）（图 2-11），以美国人再熟悉不过的美国国旗为题材，他没有将其制作成一面悬在旗杆上的国旗，而是在帆布上绘制了三面叠在一起的、大小不一的、厚重的、浮雕般的国旗，庄严而凝重。纽约波普艺术家之一奥登堡的《巨型汉堡包》（1962）（图 2-12），通过极其夸张地模拟和再现美国快餐文化的象征——汉堡包，来强化它的地位和作用。此作品不仅比例夸张，色彩鲜艳，而且奥登堡一反传统雕塑都是坚固、结实的观念，将其用内部充满了泡沫塑料的帆布制成，新颖独特。这件作品充分体现了美国 20 世纪 60 年代快速发展起来的"快餐文化"。

图 2-11 三面国旗   图 2-12 奥登堡的《巨型汉堡包》

2. 运用艳丽色彩的手法

成功的商业艺术家——安迪·沃霍尔喜欢对大众所熟悉、热爱的人物照片进行再创作，如伊丽莎白·泰勒、玛丽莲·梦露、埃尔维斯·普雷斯利以及毛泽东等。在著名的代表作《玛丽莲·梦露》中（1962）（图 2-13），沃霍尔运用明亮的红、黄、蓝以及紫色等，对其头部进行再调色，为这位好莱坞的悲剧人物又添加了一丝悲凉与幽默。

3. 重组现成品的手法

波普艺术家们以复杂的、奇怪的、荒诞的思想来表达反纯粹、反崇高、反理性等思想。他们将绘画、展板、日常物品等一切见得到的、可用的东西都作为创作的"原材料"，并将它们进行装配或拼贴。他们认为"集合"、"拼贴"、"并置"可以使物品丧失原来的功能，应该把原来被忽略的美推到第一位。著名的英国波普艺术家彼特·布莱克的《阳台上》（1955～1957），画面中除了坐在公园长凳上的四人外，到处充满了可消耗性的商

图 2-13 《玛丽莲·梦露》，安迪·沃霍尔

业产品，如香烟盒、杂志、食品包装袋等。画中基本没有透视，表现出了严谨认真、毫不夸张的态度。

波普艺术就是要通过上述表现手法，使得"平凡物"、"日常生活物"转变为艺术，从而达到消除艺术与生活之间的距离的目的（图2-14）。

图 2-14　无题

激浪派（Fluxus）与波普艺术颉颃共存，德国的前卫艺术家约瑟夫·博伊斯是其代表。"Fluxus"这个词来自拉丁文，原意就是流动的，这个词与"达达"一词的选择一样随机，因为"达达"就是随手翻字典而来的。激浪派没有统一的风格，其基本目标就是要破坏艺术与生活中既定的规律秩序。从早期的街头景点、点子音乐会到晚期的集体朗诵、叙述散步的事件，激浪派艺术品所采取的从音乐、舞蹈、诗歌、表演、电影、出版物到邮寄物这些变换的形式，都有一个共同的目标宗旨——让艺术从"高高在上"转为平常，让艺术从"脱离生活"转向生活。同波普一道，激浪派也踏上了回归生活的艺术之旅。

经历了观念艺术、大地艺术之后，波普艺术在80年代末与90年代初又迎来了"第二者"，即后波普时代（所以也可把前波普叫做经典波普）。与经典波普相比，后波普似乎更关注人物绘画方面的探索，从而偏离了"经典波普"那种物化的表现，但是其将日常生活与艺术的边界打破的审美取向却还是始终未变的。

在20世纪60年代，美国和英国还兴起了超级现实主义（也称照相写实主义）的艺术潮流。照相写实主义通过精细的模仿来描绘摄影作品，追求真实的视觉形象，逼真程度达到使人产生强烈的照相幻觉的境界。由于其根据现实生活中的人物及场景图片来创作，也就是用传统技法"画照片"，含有波普艺术的因素，所以也可归为波普艺术发展的一个分支。与波普艺术的当代复兴巧合的是，超级现实主义在90年代以来也得到了很大的恢复，并被赋予"新写实主义"的称号。

总之，在艺术回归生活的道路上，不仅包括曾经辉煌的经典波普与激浪派，还有当代复兴的后波普、超级现实主义与新写实主义。将生活直接纳入到艺术的浪潮中，在如今不仅没有丝毫衰弱的迹象，反而在当代的文化语境下愈演愈烈。

以上可以看出，当代艺术有四条回归之路（趋势），即以观念艺术为代表的艺术回归观念，以行为艺术为代表的艺术回归身体，以大地艺术为代表的艺术回归自然以及以波普艺术为代表的艺术回归生活。但是，将前三者道路归纳到一起，就等于第四条道路——艺术回归生活。因为观念艺术是要回归生活里真实的观念，行为艺术是要回归生活里真实的身体，大地艺术也要回归生活背后真实的自然，而这些也正是波普艺术的追求（图 2-15）。

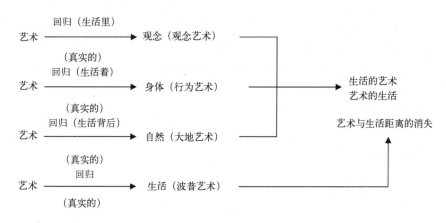

图 2-15　当代艺术的四条回归之路

当代艺术向生活回归的同时，它也就更加逼近了生活背后真实的景观，大地艺术已经与景观亲密地会合了。

2.3　后现代艺术视野中的景观艺术分析——艺术观念与景观思潮

20 世纪 50 年代末产生了后现代艺术流派，如波普艺术、超级写实主义、照相写实主义、大地艺术、行为艺术等，都表现出了与现代主义完全不同的审美特征。后现代艺术不认为艺术是自足独立的形式，艺术与消费品混合，艺术与生活的界限消失，艺术成为非艺术和反艺术，审美成了审"丑"。后现代艺术语言呈现零碎化、碎片化、缺乏连续性、丧失中心而不能聚合的"精神分裂症"和"戏仿"的特征，真理和意义总是缺席，只有游戏、狂欢和荒诞。艺术与景观不仅关系更紧密了，甚至界限也模糊了。

2.3.1　非物质化的景观实验与造型中心主义的瓦解

从 18 世纪末印象派艺术产生以来，写实和模仿的艺术原则开始受到挑战，古典艺术再现自然的戒律被打破，画家更多地是凭自己的直觉本能去创作而不是简单地模仿。艺术从原来的再现客体开始向表现主体转变。到了现代艺术的成熟时期，写实论和模仿论被彻底抛弃，艺术越来越成为一种与客观世界无关的、纯粹的主观世界的产物，成为自律的纯形式化的创造。

从古典艺术对客观世界的写实与模仿，到现代艺术对主观世界的自律性表现，都是强调一种艺术与日常生活经验相对立的形式主义的表达，强调一种艺术不同于生活的贵族化姿态。艺术被围于自身价值体系的象牙塔之中。但是，当代艺术，特别是观念艺术已经对这种形式主义现象提出了发问和质疑。因为在现代艺术的后期，对形式的过度关注、对艺术自律性的探索，已经成为束缚艺术的牢笼，形式创作和形式审美成为了艺术的一切和归宿，形式蜕变为一种装饰。于是，观念艺术对此发出了疑问：如果艺术纯粹是一种形式，是为艺术而艺术，那么，艺术的本质、艺术的作用和功能又是什么？观念艺术引发了艺术创作和艺术评论的全面反思，艺术领域中几乎一切戒律和法则、审美的观念都被质疑、被突破、被消解，艺术成为不受任何限制的思维和思考实验。[1]

观念艺术使艺术与传统的展示环境、存在方式以及欣赏、占有方式相脱离，艺术形式将艺术创作、表现、接受、批评集于一身，将艺术、生活、作者、观众融为一体。这其中有卡普罗以时间性、偶发性、随着性为出发点的事件汇集；有克莱因把生命和能量看作是艺术本质观念的表达；有克里斯托将艺术转化为某种时间和概念的存在，从而将文明和工业生产给予人的变化还原为日常自然风景中奇特的景观；还有行为艺术家博伊斯的把艺术等同于艺术品的概念变为艺术是一种在时空中存在的过程，把艺术创作的重点从表现转移到体验，直至去实现他的"从一开始就把思想看作是与雕塑方式相同的造型力量"的"社会雕塑"。

观念艺术使得观念成为艺术的核心，观念状态即艺术状态，艺术概念发生了质的变化，具体体现在以下几个方面：

（1）观念是艺术创作惟一的出发点。在作品的实施之前，观念层面上的思考已决定了整个作品的计划。观念是先于作品创作的事实，创作只是对观念状态的实施与逐步完善。在作品的实施中，观念由连续的、不间断演变的观点所组成，它们甚至相互冲突、矛盾，但却不妨碍它们在作品中构成观念的整体，即作品的整体价值指向。在这个意义上，我们可以到达一个极端的说法：艺术思想即艺术。

（2）观念可以以哲学为邻，但本身却不是哲学。因为它的出发点是艺术家的直觉和经验，而不是哲学家理性层面上的苦思冥想，所以，观念艺术并不是某种哲学图解。作品的物质现场仅仅是观念的符号。

（3）从表象到观念，从形态到作用，决定了这样一个事实，即任何形式，不管它是客观物体，还是已有的艺术样式，都可以在观念的名义下被指认为艺术本身。艺术的概念被颠倒过来：形式成为手段，观念才是目的。过去是好的形式决定艺术的命运，现在由好的观念来决定。这样，艺术就从传统的形式和手艺中解放了出来，在观念的作用下，形式变得唾手可得。

（4）艺术的作用从未像现在这样被突出，然而，并不是以形式刺激观众的知觉审美快感，而是以摧毁日常意识形态的方式引起观众思考的震惊与兴趣，使其在观念讨论和对话中转化为作品的介入者。作品由此成为介入者与艺术家的共建活动。每个介入者从作品中走出时可能已是再生之人：其灵魂、思维和思想已在观念层面的拷问、对话中发生根本的变化。

---

[1]　杨志疆. 当代艺术视野中的建筑. 东南大学出版社：156.

（5）传统的静态语言体系被观念打开后，艺术由名词转化为动词，或者说，至少是在两者之间徘徊。然而，观念本体并非绝对证明形式本体的死亡，在我看来，这里恰恰是形式、风格以新的方式获得重生和再建的机会。

（6）观念艺术成为艺术家思维和智力水平的测试方式。不能想象，一个对现实问题没有观点、思考和判断的人会成为真正的艺术家 。[1]

观念艺术家超越了古典艺术和现代艺术的种种尝试，强调当下状态的艺术的思想性和批判性，强调对审美中心主义的极端质疑，最终成为摒弃风格后的形式主义的艺术作品的非物质化状态。这种"非物质化状态"成为了观念艺术带给我们的最深刻的启迪，同时也直接导致了建筑与景观设计以造型为中心的造型中心主义的瓦解。

屈米的拉·维莱特公园作为解构主义的代表作品，几乎可以体现出观念艺术的所有主要特征。在拉·维莱特公园中，屈米想要表达的观念是什么呢？他认为，现代主义范式把统一的信念作为基础：等级的象征性、元素的统一化、构造透明的形式和意义、以自我为中心的主题并割裂文脉关联等现象是与当代社会多元化的文化现象相脱节的。所以，"大部分的建筑实践——构图，即将物体作为世界秩序的反映而建立它们的秩序，使之臻于完善，形成一幅进步和连续的未来图像——同今天的概念是格格不入的。"因此，建筑不再"被认为是一种构图或功能的表现，相反，建筑被看成是置换的对象，是一大套变量的合成"。拉·维莱特公园实际上就是要提供一种强有力的观念，从而产生多种多样的合成和替换的方法，具体的策略和设计内容见第四章。拉·维莱特公园的建造是一次重要的观念操作过程的演练。正如屈米本人所说："拉·维莱特没有理论性的图，每张图都是'建筑物'。"也就是说，图纸和构架处于同等地位，都是思想过程中的物质性产物，具有同样的身份。由此可以看出，建筑师并没有设计出什么建筑物或者景观平面，而只是提出了一种抽象媒介（一套系统）、一种方法，使得这一作品得以建造，得以发生。

同时，屈米的这套系统又是开放的，是需要在建造过程中被体验的。红色的构架提供了举行不同活动的可能性，使自身空间的用途在不同的层面上加以转换。它们本身也是一些纯符号，观众可以根据自己的理解去解释它。在拉·维莱特公园，既体现出了观念艺术的重要表现和特征，同时后现代艺术如偶发艺术、行为艺术、大地艺术等都有所体现，它是一次思维、观念的集体展现。屈米是这一疯狂行动的策划者和实施者。[2]

20 世纪 60 年代初，美国出现了极简主义艺术（Minimal Art）。极简主义（Minimalism）通过把造型艺术剥离到只剩下最基本元素而达到"纯粹抽象"。极简主义艺术家认为，形式的简单纯净和简单重复就是现实生活的内在规律。他们的作品以绘画和雕塑的形式表现出来，构成手段简约，具有明确的统一完整性，追求无表情、无特色，但对观众的影响和冲击力却十分迅速和直接。实际上，在极简艺术家外表简单的作品后面，是艺术家对生活和社会秩序的渴望和追求，是对形式以外的观念与思想的追寻和探求。

极简主义的特征主要有：非人格化、客观化，表现的只是一个存在的物体，而非精神，摒弃任何具体的内容、反映和联想；使用工业材料，如不锈钢、电镀铝、玻璃等，在审美

[1] 张晓凌 . 观念艺术——解构与重建的诗学 . 吉林美术出版社：85 ~ 86.
[2] 杨志疆 . 当代艺术视野中的建筑 . 东南大学出版社：130.

趣味上具有工业文明的时代感；采用现代机器生产中的技术和加工过程来制造作品，崇尚工业化的结构；形式简约、明晰，多用简单的几何形体，颜色尽量简化，作品中一般只出现一两种颜色或是只用黑、白、灰色，色彩均匀平整；强调整体，重复、系列化地摆放物体单元，没有变化或对立统一，排列方式或依等距或按代数、几何倍数关系递进；雕塑不使用基座和框架，将物体放在地上或靠在墙上，直接与环境发生联系（图 2-16、图 2-17）。

图 2-16 Peace of Munster

极简主义在形式与观念上具有双重特性。从形式层面上看，极简主义追求一种彻底的单纯性和完整性，将艺术减少到媒介本身，并排除所有媒介以外的东西。这使得极简主义的作品看起来很像抽象艺术，很容易使人联想到现代艺术的构成主义以及包豪斯的艺术家们所追求的那种标准化和依赖精密的数学关系来制作作品的方式。不能否定，极简主义在形式方面表现出的特征看起来非常相似于现代艺术的特征，但如果从观念层面上看，极简主义对于后现代艺术同样起到了重要作用。不过，它从表面上看不像波普艺术那样与现代主义的立场进行了直接的决裂，而是强调艺术家要把对材料的干预降低到最低限度，以清除和消解形式主义对材料的处理方式以及美学态度。这种要求实际上比较接近杜尚在使用"现成品"这种形式上所表现出的反美学主张，它使艺术最终摆脱了形式的束缚，走向观念。以托尼·史密斯的雕塑为例，他的作品有着建筑师的痕迹，这与他原是一个建筑师的身份有关。他要求的是高度标准化的形式，这种形式无需艺术家亲自

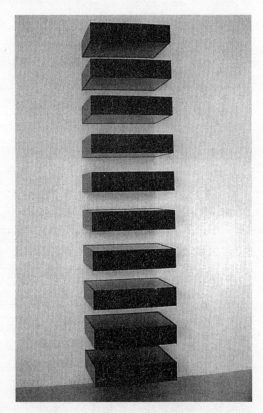

图 2-17 贾德的雕塑"无题"（1965）

动手，只需给出图纸，或者在电话里准确地讲出各个部分的尺寸就可以完成。按照纯粹的极简主义的主张，极简艺术家们认为，艺术应该排除任何现实的经验、情感，而追求一种理性的秩序和严密的概念，从而把人们的注意力引向形式和媒介本身，这也导致了极简主义者将主要的精力放在雕塑方面。唐纳德·贾德认为："三维的立体才是真正的空间，它摆脱了视错觉的问题，也摆脱了画面意义上的空间，即在笔触和色彩之中或者笔触色彩的空间这类问题，摆脱了这类欧洲艺术遗产中最引人注目而又最该反对的东西。绘画的种种限制已不复存在，一件作品，我们想要它有多大表现力，便能够有多大表现力。实际的空

间在根本上比画在平面上的空间更有力量，也更为具体。"贾德的雕塑作品是由一些完全相同的单元构成的，他将这些单元按照精确的数学关系排列起来，使其呈现出一种绝对的统一或者整体性（图 2-18）。

图 2-18　贾德的雕塑"无题"（1981）

在这类作品中，你看不到任何情感的表现或者艺术家个性的痕迹。这些作品显然是对艺术的本质、艺术的功能和雕塑形式的本质提出了挑战。尽管这些"雕塑"在空间中表现为一些具体的形式，同时它们从外观上看起来与抽象艺术是一致的，但是它们对以抽象艺术家为代表的现代艺术所强调的自我、个性、创新等无疑是一种颠覆。[1]

极简主义在极简形式的表层之后，在观念上传达了以下语义信息：

（1）极简主义是一种非表现性的艺术，其简单至极的形体所传达的不是抽象，而是绝对，这就使得其作品摆脱了与外界的联系。他们虽然从早期构成主义中汲取了营养，但已脱离了前者所具有的绘画的表现性，从而"不表现或反映除本身以外的任何东西，不参照也不意指任何属于自然或历史的内容与形象，以独特新颖的形式建立属于自己的欣赏环境"[2]。极简主义作品在独立封闭的自我完成体中依靠简约直接的形式来产生对观众的冲击力。

（2）极简主义是一种客体存在的艺术，这是由其表现性的性质所决定的。它既不表现什么，也不再现什么。极简主义艺术家总是把艺术的客观真实性当作艺术来强调，并竭力避免个人介入的任何痕迹，比如，一块雕塑用的钢板就是钢板，不要指望它能有什么深度和意义，更不要去探究其背后暗含有怎样的思想。同时，极简主义也强调其作品没有任何预先设计的原型，即艺术是不模仿任何已存在之物的。作品本身就是一种除去了任何细节形式的本质存在。

（3）极简主义是一种重视"共构"的艺术，而不是"殊相"。极简主义认为，以前的艺术总是将事物的独特个性放在首位，他们依照个人的主观看法去表现对象的特征要素，这样，艺术表现因加入了创作者的主观因素而远离了对象所固有的"真实性"。极简主义

[1] 马永健.后现代主义艺术 20 讲.上海社会科学院出版社：77.
[2] 费菁.极少主义绘画和雕塑.世界建筑，1998（1）：82.

则主张每个事物都有它固定的真实与美，创作者面对它们时应把个人的主观判断减至最低限度，事物本身才会表达出自己的声音。也就是说，只有舍弃物象外在的一切偶然性，把对象简约为最低限度的几何体，才能凸显出"共相"。

（4）极简主义是一种带有批判色彩的艺术。极简主义艺术家认为："形式的简单纯净和简单重复，就是现实生活的内在规律。"艺术作品去除一切雕饰的简洁，代表着进步。在外表简单的作品后面，是艺术家对生活和社会秩序的渴望与追求。在当代艺术家们把个性和独特性夸大到无以复加的地步时，在大众媒体和商业文化狂轰滥炸的刺激中，极简主义冷静地提出了自己的解决方案[1]。

在景观设计领域中，不少设计师与极简主义艺术家一样，在形式上追求极度简化，以较少的形状、物体和材料控制大尺度的空间，形成简洁有序的现代景观；还有一些景观设计作品，运用单纯的几何形体构成景观要素或者单元，不断重复，形成一种可以不断生长的活的结构；或者在平面上用不同的材料、色彩、质地来划分空间，也常使用非天然材料，如不锈钢、铝板、混凝土、玻璃等，在材料上强调不同质感的对比。这些设计手法都不同程度地受到了极简主义的影响，如美国景观设计师彼得·沃克的作品（图2-19、图2-20）。

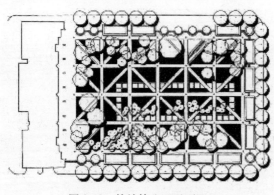
图2-19　伯纳特公园平面图

图2-20　日本 IBM 大楼庭院

沃克的极简主义景观在构图上强调几何和秩序，多用简单的几何母题如圆、椭圆、方、三角，或者这些母题的重复以及不同几何系统之间的交叉和重叠。材料上，除使用新的工业材料如钢、玻璃外，还挖掘传统材质的新的魅力。通常所有的自然材料都要纳入严谨的几何秩序之中，水池、草地、岩石、卵石、沙砾等都以一种人工的形式表达出来，边缘整齐严格，体现出工业时代的特征。种植也是规则的，树木大多按网格种植，整齐划一，灌木修剪成绿篱，花卉追求整体的色彩和质地效果，作为严谨的几何构图的一部分。

沃克的极简主义景观并非是简单化的，相反，它使用的材料极其丰富，它的平面也非常复杂，但是，极简主义的本质特征却得到了体现。如无主题、客观性、表现景观的形式本身，而非它的背景；平面是复杂的，但基本组成单元却是简单的几何形；用人工的秩序去整合

[1]　杨志疆.当代艺术视野中的建筑.东南大学出版社：104～105.

自然的材料,用工业构造的方式去建造景观,体现机器大生产的现代社会的特质;作品冷峻,具有神秘感,与此并不矛盾的是,他的作品具有良好的观赏性和使用功能。沃克在追求极简的背后强调的是景观的观念和意义。沃克没有像极简主义艺术家们那样试图创造一种非景观的作品,与勒诺特一样,沃克试图创造一种具有"可视品质"的场所,使人们能够愉快地在里面活动。

2.3.2 符号的拼贴实验与波普的泛化

后现代艺术这一概念最早源于 20 世纪 40 年代的某些文学作品,后来对五六十年代的文学和建筑产生了重要影响。如今,这一概念被广泛应用于社会、政治、经济、工业、技术、哲学、文化、艺术、建筑、景观等领域的各个方面。"后现代主义并非一种特有的风格,而是旨在超越现代主义所进行的一系列尝试。在某种情境中,它意味着那些被现代主义摒弃的艺术风格。而在另一种情境中,它又意味着反对客体艺术或包括你自己在内的东西。"[1]概括起来,后现代呈现出以下特征:

首先,在社会和文化背景方面,后现代主义主要否定现代主义,与现代主义的那种精英意识和崇高美学彻底决裂,对现代主义所具有的个性主义和英雄主义表现出了极大的反叛和怀疑,并意欲填平精英文化与大众文化的鸿沟。如果说现代主义是工业文明的产物,那么后现代主义就是信息化的产物。随着科技的发展和技术的进步,人类在享受自己创造的成果的同时,也越来越多地被物质和技术所异化和控制。人们不再对工业文明的乌托邦理想抱有幻想,人们在怀疑、焦虑和失望的同时,也在寻找得以超越的文化载体,这必然导致了一种反现代主义、反文化、反美学的极端倾向的出现。高度商品化的社会,消费意识渗透到自然、人类意识和社会生活的方方面面,商品和消费无处不在,商品、技术和娱乐同时进入了艺术和审美。

其次,在思维方式方面,受西方现代美学理论、后结构主义、法兰克福学派的新马克思主义思潮及女权主义的影响,后现代主义的思维方式表现出了某种深刻的文化危机以及对现代主义美学的怀疑、对叙述和阐释的怀疑。它以强调否定性、非中心性、破碎性、反正统性、非连续性及多元性为特征,消解现代主义所坚信的超验的、抽象的、视主体性为基础的中心的、试图包容和解释一切的一元论的思维范式。

现代主义所坚持的统一性、秩序、一致性、总体性、客观真理、意义及永恒性被后现代主义的多样性、无序、非统一性、不圆满性、多元论和变化所代替。

第三,在后现代主义的具体表现方面,弗·杰姆逊曾将其总结为四个方面,即:平面感、断裂感、零散化和复制。简述如下:

平面感,是指作品审美意义深度的消失。现象与本质、表层与深层、真实与非真实、能指与所指之间的对立消除了,从本质走向现象,从深层走向表层,从非真实走向真实,从所指走向能指。

断裂感,是指历史和时间的消失。后现代主义试图告别传统、历史、连续性,在非历史的当下状态体验中产生一种断裂感,这意味着历史被赋予了更多的戏谑的成分,历史只

[1] 杨志疆. 当代艺术视野中的建筑. 东南大学出版社:144.

是某种零散和片断的材料，它永不会给出某种意义组合或最终解决。

零散化，就是主体的消失，艺术所代表的是人的中心地位和为万物立法的特权。后现代主义认为主体已为物所控制，而被拆散为零散的碎片，从而丧失了中心地位。这种主体的零散化使以人为中心的视点被打破。世界已不是人与物的世界，而是物与物的世界，人的能动性和创造性消失了，剩下的只是纯客观的表现物，不带任何感情和表现的冲动，就如同沃霍尔的名言："我想成为机器，我不要成为一个人，我想像机器一样作画。"只有当艺术家变成机器时，作品才能达到纯客观的程度。

复制，是根据原作制造摹本。我们生活在一个复制形象的世界，照片、摄影、电影、电视以及大规模的商品生产，使同一的形象具有大量的相同的拷贝，其效果就造成了传统美学所要求的审美尺度的距离感的消失，诸如典型论、移情说、距离说、陌生化等，无非说明艺术不同于生活，艺术不能等同于生活，艺术只有与人的现实生活拉开距离才会给人以审美感受。后现代主义却因复制化而使人们丧失现实感，形成事物的非真实化、艺术品的非真实化以及可复制的形象对社会和世界的非真实化。因为复制的出现，必然使艺术趋同于生活，从根本上消除了惟一性、独一无二和终极价值的可能性。

总之，后现代主义是无法被定义，也是无需定义的，它代表了自 20 世纪 60 年代以来一切修正或背离现代主义倾向和流派的总称，代表了西方文艺思潮中的复杂性、多元论、不稳定性、包容性、无规则性、含义广泛性等特点的总称，而非所谓的风格。[1]

波普艺术和后现代主义都兴起于 20 世纪 60 年代，后现代所表现出来的那种平面化的浅表感、断裂化的堆砌感、零散化的客观性以及复制化的机器性，在波普艺术那里都有所体现。波普艺术以对商品社会和消费文化的敏锐嗅觉来解构艺术的贵族气息，以风格的自否来实现与生活的融合，这都带有鲜明的后现代主义特征。杰姆逊在他的那些后现代主义理论著作中，大量地以沃霍尔的作品为例来阐释后现代主义艺术的特征和表现，他认为那些极度"真实"的波普艺术品是对现实生活的一种有力回应。波普艺术家所运用的现成物的拼贴风格，创作对象的极端商品化和生活化，工业化的媒介的无限复制，都造成了艺术家被"耗尽"后的自我表现丧失与"混杂"的状态，这必然使古典艺术和现代艺术的意义模式丧失，呈现为无风格、无深度的平面美学。杰姆逊还从分析沃霍尔的作品《玛丽莲·梦露》和《坎贝尔汤罐头》等入手，提出了后现代主义艺术有别于现代主义的一个重要方面，就是所谓"拟象"的广泛蔓延。古典艺术对现实的模仿，有摹本和原本的区别；现代主义不再直接模仿现实对象，而强调艺术家的首创性；后现代主义的形象既不是模仿，也不是首创，而且没有模本。就沃霍尔的作品而言，要么是对一张底片的无限复制，要么是对一个实物（如罐头）的大量复制，这彻底改变了古典艺术那种艺术符号的能指和所指关系。

如果说现代主义的基本特征是乌托邦的理想，是艺术越来越远离我们日常生活的世界，是艺术自身内在设计的绝对真理显现的话，那么，后现代主义却是和商品化、大众文化紧密相联系的现实，这一点正是波普艺术存在的基础。大众艺术、波普艺术的出现，直接导致了风景园林师对波普景观的探索实践。

---

[1] 杨志疆.当代艺术视野中的建筑.东南大学出版社.

亚特兰大市里约购物中心是玛莎·施瓦茨设计的最有影响的作品之一，其错位的构图、夸张的色彩、冰冷的材料，特别是在庭院中布置的 300 个镀金青蛙点阵，创造出了奇特和怪异的视觉效果。这一典型的波普艺术风格和手法的设计除使人感到醒目、新奇外，还带有滑稽与幽默（图 2-21）。伊凡·希克斯创作的"办公室庭院"深受达达主义及超现实主义艺术的影响，庭院是用废弃的办公用品及其他现成的物品构成的，长生草似乎要将打字机吞没，这个作品体现的只有游戏与荒诞，艺术与审美的意义已经丧失，但是艺术与景观的概念在这里得到了扩展（图 2-22）。受高技派影响，景观设计师大卫·史蒂文斯设计的不锈钢金字塔形雕塑，将不锈钢、水和郁金香有机地结合在一起，水流过金字塔表面，与鲜嫩的花朵形成鲜明对比，使不锈钢的反光表面富于生机。由丹·皮尔逊设计的屋顶花园，透明的半球形屋顶灯本身就是玻璃的雕塑，将新材料、新技术与自然景观形成对比，创造出了一种科幻般的视觉形象（图 2-23）。丽丽安娜·摩尔塔和琼—克里斯托夫·丹尼斯也许是从动态雕塑上得到了灵感，设计的动态庭院以多种颜色的塑料瓶摆成的圆柱作为庭院的雕塑式灌溉系统，使人联想到这是一个艺术画廊而非庭院（图 2-24）。伦敦皇家艺术学院学生彼得·库克莱利设计的"运动庭院"融电车及庭院为一体，诙谐幽默，这也许是最典型不过的动态景观（图 2-25）。此外，还有将软质雕塑与软质景观融为一体的设计作品等。"戏仿"是由于后现代艺术缺乏中心、主体性、意义本源，导致了"剽窃"、"蹈袭"以前所有经典的东西的必然结果。奥登堡的"巨型汉堡包"、沃霍尔的"梦露"都是艺术家"仿造"和无限复制的"拟象"。这种"拟象"的最典型的形式就是迪士尼乐园，它是"仿真序列中最完美的样板"。它把历史的、物质的、艺术的东西都变成了虚拟的，在那里，海盗、景观、著名的历史遗迹、未来世界等都以虚拟的形式出现，根本不存在真实或虚假问题，因为它们是"拟象"的真实存在。

图 2-21　亚特兰大市里约购物中心，
玛莎·施瓦茨

图 2-22　办公室庭院，伊凡·希克斯

图 2-23　屋顶花园，丹·皮尔逊

图 2-24　塑料圆柱庭院

图 2-25　运动庭院，彼得·库克莱利

　　后现代主义的建筑与景观思潮同后现代主义文化和后现代主义并不是一回事，它虽在后者的范畴内，但又有其自身的独特表征。后现代主义建筑与景观是以反对现代主义的纯粹性、功能性和无装饰性为目的，以历史的折中主义、戏谑性的符号主义和大众化的装饰风格为主要特征的建筑与景观思潮。波普艺术对后现代主义建筑与景观的理论与实践具有重要影响。文丘里认为有两种方法可以打破现代主义的清规戒律和单调刻板的形式。一种就是对历史因素的借鉴和再利用，包括对古希腊、古罗马、中世纪、哥特风格、文艺复兴、巴洛克、洛可可、维多利亚等所有的西方历史建筑风格和样式的借鉴；另一方面是植根于大众文化和消费文化，直接向波普艺术学习，创造出含混而杂乱的暧昧样式。在艺术领域，自杜尚用小便池来讽刺传统美学开始，戏谑性和游戏性就成为当代艺术发展中不可缺少的因素。

作为达达主义的直接继承者，波普艺术无疑也延续着这样的态度。后现代主义建筑与景观中这种具有波普特点的戏谑和游戏的态度是普遍存在的一种现象，如美国新奥尔良的意大利广场以及矶崎新设计的筑波科学城中心广场（图 2-26、图 2-27）。矶崎新在设计中有意地"复制"了一些著名设计师的作品中的片断，例如椭圆形广场及其图案是米开朗琪罗的罗马卡比多广场的翻版，不过，在图案上，他反转了原作的色彩关系，水池顶部缠着黄飘带的金属树形雕塑是英国当代建筑师汉斯·霍因在维也纳旅行社中的作品的复制品，而层层的跌水明显受到美国园林大师海尔普林水景设计手法的影响。广场及其周围环境明显带有拼贴、复制的风格，另外也融入了日本传统的造园手法。这是一个典型的后现代主义景观作品。

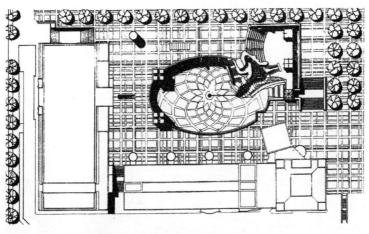

图 2-26 筑波科学城中心广场平面图

图 2-27 筑波科学城中心广场

自 20 世纪 80 年代，随着信息技术和电子技术的发展，我们的城市景观正在被电视、电影、广告、摄影等图像包围，到处是电视墙、巨型广告以及由声、光、电控制的充满动感和绚丽色彩的图像，由此导致了新一代波普的出现和扩散，它们比老波普面临更多虚幻的影像。盖里在法国巴黎设计的欧洲迪士尼娱乐中心是庞大的多功能综合体，包括购物、酒吧、餐厅、剧场、娱乐中心等多种功能。盖里用一条步行街将它们组织成两个体块，用 40 根巨大的方柱加以贯穿，这些方柱以不锈钢等为外装材料，涂以红、白两种色彩。方柱本身构成了一组巨大的矩阵，柱与柱之间用金属丝相连，其上点缀着无数发光点。夜晚，整个娱乐中心被无数的繁星所覆盖，加之金属材料的反光、霓虹灯的变幻、商店橱窗的鲜艳以及建筑环境造型体块的清晰和色彩对比的强烈，构成了欢乐的世俗生活的典型场景。

总之，面向生活的波普艺术及其扩散和泛化，对波普景观和后现代主义建筑与景观产生了重要影响，并且持续地影响着当代风景园林师的创作观念。

2.3.3 艺术的技术实验与技术的泛化

20 世纪 50 年代，战后的工业技术迅速发展，受此影响，"活动雕塑"重新兴起，从 50 年代中期开始直至整个 60 年代，艺术家和民众都对此类作品保持了较高的兴趣。1995 年，巴黎的德内斯·和内美术馆举办了一个大型展览，展出了包括杜尚、亚·考尔德、瓦萨莱利、伯里、延居里、索托等人的活动雕塑作品，对这一艺术形式进行了较全面的介绍。此后，在欧洲其他地区举行了一系列展览，强化了活动雕塑的影响。"活动雕塑"与传统雕塑不同，它不是以静止的形式存在的，而是能够在空间中借助各种力量（包括空气的流动、水力以及机械动力等）产生形体上的变化或者空间中的位移。活动雕塑之所以产生了如此大的影响，主要原因就是战后技术的迅速发展给人们留下了深刻的印象，活动艺术家们试图将这种印象表现出来，他们提出要创造"技术时代的艺术"，通过为雕塑提供一定动力的形式来体现机械文明的内在特征。这与 20 世纪初的未来主义有相似之处，未来主义是最早尝试在作品中表现对机械文明的印象的，只不过由于技术的限制，仅仅在绘画或雕塑中创造了一种"运动的幻象"、运动的感觉而已。活动雕塑家借助现代技术手段，将自己的感觉直接通过一些能够运动的雕塑表现了出来。

在对待机械文明的态度上，活动艺术家并不像未来主义者那样完全持歌颂的态度，而是存在着不同的观点和艺术取向。以考尔德为代表的一部分艺术家的作品借助空气的流动来产生运动感，如亚·考尔德的《动感雕塑》（图 2-28），

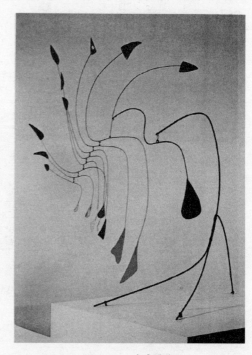

图 2-28 动感雕塑

雕塑的部件呈现出一种微妙的平衡，空气的流动或者轻微的震动却会打破这种平衡。这类作品体现的是对形式美感的追求。[1] 有的艺术家则在作品中加入了水流或者电磁引力的作用来造成运动的效果，如德裔美国人汉斯·哈克在60年代利用水流和气流托浮气球的原理创作的作品《蓝色航行》（图2-29），蓝色的薄绸被转动的风扇吹动，展现出不同的形态。汉斯·哈克要表达的是自然的力量所产生的强大作用。从他的作品中，我们可以看到一种来自达达主

图 2-29 蓝色航行

义或者东方哲学的态度。更能体现这种精神的是使用电磁引力的作品，在这类作品中，电磁力作为一种看不见的力量而左右着作品中的某些能移动的部分，使其在特定的空间范围内悬浮或者沿着某种路径移动，如意大利艺术家博里亚尼就将铁屑装在不同的容器中，再利用巧妙分布的磁场，使铁屑像昆虫一样缓慢移动。这类作品的新奇不在于有形的物体，而在于无形的"能"，因为作品展示了能量的支配效果。当然，在"活动艺术"中，运用机械动力的艺术家占据相当大的比例，他们的作品最能说明艺术家对于机械文明持一种肯定的态度，并且在积极探索科技在艺术创作中的各种可能性。最有代表性的是匈牙利艺术家居古拉·舍弗尔，他非常迷恋"控制论"以及运动和光的变化，甚至他使用的语言也是科学味十足的，比如空间动力学、光动力主义等。舍弗尔最引人注目的作品是1961年在比利时与飞利浦公司合作建造的一座利用声光和机械的52米高的控制塔。他的试图将艺术与科学相结合的态度，是对构成主义所主张的"艺术工程师"的说法的一种新的诠释。

图 2-30 让·廷居里 作品（一）

　　并不是所有的艺术家都对机械文明的前景持乐观态度，一些艺术家清醒地意识到了机械文明中潜在的阴影，如瑞士艺术家让·廷居里，他的作品表现的不是炫耀科技发展的机械制品，而是一些丑陋的机器。丑陋性构成了作品的主要特色，它们不但外形怪诞，而且经常会在刺耳的尖叫声中变成一堆碎片（图2-30、图2-31）。[2]

图 2-31 让·廷居里 作品（二）

[1]　马永建．后现代主义艺术20讲．上海社会科学出版社：30.

[2]　马永建．后现代主义艺术20讲．上海社会科学出版社：34.

对艺术的"技术试验"活动不只是对"活动雕塑"的探索，也包括将光作为一种艺术媒介，表现运动和光的行为。舍弗尔创造的控制塔就包括了机械动力、光以及声音的元素。艺术家们通过对人工照明光线的控制创造出新奇的视觉效果。有的艺术家将照明设备与机械动力相结合产生光幻效果，也有的通过对光源的排列来产生"光的图案"，如德国"零"派艺术家皮埃尼的作品《电之花》就是将电灯泡排列起来，组合成一朵"花"的效果以及至今还很受人们欢迎的光雕艺术等。特别值得一提的是美国的"EAT团体"，他们是从偶发表演发展起来的，组织过很多活动，比较引人注目的是1966年11月在纽约军械库组织的"九个夜晚：舞台与工程"的活动，活动中，劳申伯格等艺术家展示了包括表演、电子音乐、电视投影等媒体在内的综合艺术形式。在这些作品中，艺术家们综合运用了各种较先进的技术，来展现现代技术条件下新的视觉形式和效果的可能性，对技术在艺术领域中的运用进行了积极的探索和尝试。

光效应艺术也被称为视幻艺术（或欧普艺术），它是与活动艺术平行发展的艺术形态。光效应艺术主要是依据视错觉原理来进行表现的，它与活动艺术有着密切的联系。这一方面是由于光效应艺术的源头可以追溯到蒙德里安等风格派艺术家、包豪斯的艺术家以及杜尚的作品中曾经出现过的光幻觉效果；另一方面，光效应艺术虽然是静止的，但看上去感觉在变化和运动，如赖利的作品《流》，是利用线条的有趣的排列构成的（图2-32）。

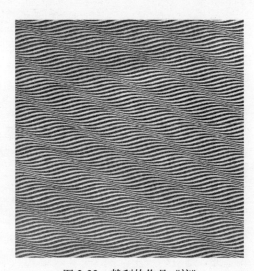

图2-32 赖利的作品《流》

20世纪的活动艺术，与其说是表现了技术，还不如说是表现了对技术的向往心情更准确。活动艺术家们充满热情地尝试创造"科技时代的艺术"，取得了令人瞩目的成就。但是，艺术家们在打"技术"这张牌时，实际上并不具备雄厚的技术知识贮备和竞争的优势，他们只是模仿了"技术实验"的姿态而已，所以，活动艺术辉煌了10年左右的时间，到了70年代之后，就基本上销声匿迹了。但是，活动艺术家的创作观念和探索实践对景观设计的影响是深远的，他们的理想在当代景观创作中复活了。

艺术家们对技术的迷恋，成为了当代风景园林师的技术表现和景观设计的一个重要的探索方向——景观的技术主义审美与设计倾向（在第四章中详细论述）。

动态景观是当代景观中的一种重要的景观形式，也是很多风景园林师的追求目标。动态化景观与活动艺术是密不可分的。

（1）景观本身的动态变化

很多景观借助外力（机械、重力等）呈现出动态变化，活动雕塑本身既是雕塑，在环境中又是景观，如本人创作的天津古文化街海河楼广场的主题雕塑"哪吒闹海"，是由机械控制，由声、光、电、喷泉等多种媒介手段综合表现的动态雕塑景观。另外，此类景观还包括动态标志、动态景观造型、喷泉、跌水等多种景观形式。风景园林师从活动艺术家那里寻找到了设计的方法和灵感。

（2）景观造型的动态感觉

一些风景园林师在设计中追求平面或空间的动态造型效果，特别是使用富于动态感的曲线造型，如中国上海文化公园概念设计方案（图2-33）和上海朱家角新江南水乡设计竞赛方案，前者强调建筑与自然景观的动态性融合，为不同艺术活动之间的相互偶遇与激发提供了舞台，后者是由曲线形线性公共空间组成的动态网络覆盖了整个社区。此类景观形式与欧普艺术追求的动态感觉原理相似。

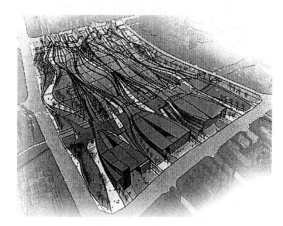

图2-33 上海文化公园概念方案

（3）夜景观的动态效果

艺术家们对光的探索和试验直接影响和启发了当代夜景观的照明设计。光雕塑已经成为城市夜景观的重要表现形式。香港的维多利亚海港的夜景景观犹如一个巨大的光雕艺术品，将其艺术表现演绎到了极限。

（4）观察者的相对运动

观察者处于相对运动中，在移动中观赏、体验景观，如我们在车内观赏道路两旁的景物，或在行进中观赏周围的景色。其实，在中外古典园林中，早就有了动态景观的概念，如中国古典园林的"步移景异"说的就是随着游人的移动，眼前景物的变化。古典造园中的蜿蜒曲折、高低错落、渗透与层次、空间序列、空间的对比等手法，均是强调处理游人在行进中对景物欣赏的要求。以前我们说的古典园林的四维空间，实际上，它的一维就是指时间和动态。西方古典园林，无论是法国的规则式园林还是英国的风景式园林，也都是需要动态地欣赏和体验的。

当代景观的动态化倾向主要是指部分设计师及其作品将"动态性"的概念加以强化甚至推到了极致，强调在"高速"运动中（汽车、火车、甚至飞机上）的视觉感受。如澳大利亚墨尔本市郊的高速公路景观设计，设置了连续的巨大造型柱，透视感和鲜艳的色彩使乘车人在快速行进中体验到视觉的强烈变化，给人留下深刻的印象（图2-34、图2-35）。另外，本人在天津铁东路公园景观设计（图2-36）和山东黄骅港道路景观设计中（图2-37），利用艺术造型、灯柱、树阵、树列、植物造型等手法，强调整体感、连续性和透视的强烈变化，使乘车人能够在运动中体会

图2-34 墨尔本市郊的高速公路景观（一）

图 2-35 墨尔本市郊的高速公路景观（二）

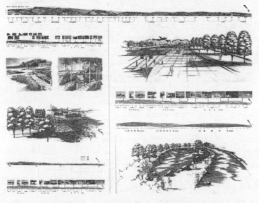

图 2-36 天津铁东路公园设计

图 2-37 山东黄骅港道路景观设计

到动态景观的动人魅力。

技术进入了艺术，扫清了艺术回归生活之路的障碍，艺术与景观对技术的迷恋和表现，使得艺术和技术在此交汇，殊途而同归。

2.3.4 艺术的生态实验与自然环境美学的回归

自然环境的不断破坏和城市环境的逐步恶化，引起了艺术家们的警觉，他们通过实验和创作生态艺术品唤醒公众对地球未来的忧患意识。21 世纪生态环境建设的趋势是人与环境之间的融合，这种趋势将对艺术实践产生越来越重要的影响。

从 20 世纪后期开始，艺术家开始尝试通过生态艺术的实验和创作，引导社会共同再造人类与自然具有交互作用的生态系统，缓和层出不穷的环境问题。凭借生态艺术，艺术家传播着人类同属一个地球村的体验。艺术家对生态环境问题的反映可概括为两种方式：一种是设计或创作出生态艺术作品以解决城市生态系统面临的自然审美问题；另一种是通过各种媒介和表现手段——摄影、绘画、雕塑、多媒体等方式来解释环境美学问题。几乎所有生态艺术作品的主题都是土地、城市景观、植物、动物和人。生态艺术力求治愈城市、人和自然之间不断扩大的物质和心灵的创伤，如海伦·海尔·哈里森和牛顿·哈里森研究了一个大的生态体系——前南斯拉夫的萨瓦河及其毗邻的土地，通过地图和照片表现它们的种种细节。这个给人以强烈视觉冲击的艺术品，由诗意的描述和治理河水的合理建议共同组成。作品促成了政府和民间组织的对话，从而采取相应的环境治理行为。[1] 潘特里西亚·约翰逊设计创造的"居住花园"，在城市中移入土生植物、动物和雕塑走廊，让参观者能亲历自然生态。以上两个作品的共同点都是对自然及生命形式表达了尊重。

---

[1] 广林茂.生态雕塑.山东美术出版社：11.

　　一些艺术家将生态、环境等相关知识融入到艺术创作中，并借助技术手段表现出来，如日本艺术家菊竹清训创作的雕塑"翼"，可随二氧化碳水平的变化而改变颜色和形态。这是菊竹清训与日本一家环境研究所共同创作的作品，旨在帮助人们看到环境中二氧化碳污染的威胁。菊竹清训是美国宏观工程学会会员，他认为绝大多数的城市设计都被一种"机构的思想"所束缚，真正的人性思维方式考虑的是如何创作空间，使人们在其中找到舒适感。他倡导的交互式生态艺术作品，把艺术、科技和自然有机地联系在一起。他的其他雕塑作品还有："水乡"——可通过改变喷水模式和发出的声音对走过的人们作出反应；"世界"——室外雕塑作品，可随温度的变化而改变颜色，并随环境状况的改变而发出各种声音。

　　有的生态艺术品被赋予生态的哲理。尤基里斯在作品"跟随城市"中创造了一条通道，通道由彩色玻璃和金属制成，并连着一座玻璃桥，人们站在桥上可以看到城市垃圾的命运。

　　生态艺术的最新动向是"关注生命"，这一主题超越了艺术品的传统定义，涉及生命、死亡及再生等哲学、伦理问题。如巴黎艺术家欧尔斯特和生物工程家克劳德·于丹最近合作的"生命雕像"，是以河流中的污染物——聚氨酯和极微小的藻类混合的材料塑成的，其中的藻类是活的生物体，在不同的阳光和气温条件下，藻类会时而迅速繁殖，时而停止生长，雕塑的颜色和形态也会随之发生微妙的变化，只要每天往雕像上浇水，雕像就有生命存在。

　　另外一类作品表现了改造居住地与废物再利用的概念，在贝蒂·标蒙的"海洋地标项目"中，有一种水下雕塑礁，是利用坚硬的废煤制成的。艺术家在此创作了一个海洋生物避难所，以抵制向海洋倾倒垃圾和过度捕鱼造成的毁灭性影响。

　　很多生态艺术品都基于"生物多样性"概念而创作，饱含环境给予生命的丰富多彩，追求多样性与和谐。由于密集农业和城市化劫掠了生态系统，"生物多样性"就成为了生态学关注的最大问题。21世纪的艺术家投身于生态保护的前列，保护所有的生物物种，包括人类自己。[1]

　　艺术的生态实验，其风格和方法是多样的，大地艺术是其中最有影响的类型。大地艺术与以往的绘画和雕塑不同，它将自然作为作品的要素，形成与自然的共生结构。大地艺术与极简艺术相似，多采用简单和原始的形式，强调与自然沟通。

　　在大地艺术作品中，雕塑不是置于景观中，而是艺术家运用场地、岩石、水、树木等自然材料和手段来塑造景观空间，雕塑与景观完全融合，景观作品本身就是大地艺术。许多大地艺术作品还蕴含着生态主义的思想，遵循生态主义的原则，尽量减少对环境的影响，使用自然材料，即使是在巨大的包扎作品中（包裹建筑或树木等）使用了非自然材料，也会在短期内拆除（图2-38）。当代景观设计作品越来越多地带有明显的大地艺术的倾向。华盛顿的越南阵亡将士纪念碑是大地艺术与景观设计结合的优秀实例。纪念碑场地被切去一块等腰三角形，形成微微下沉的等腰三角形，"V"字形的长长的黑色花岗石板挡墙上刻着阵亡将士的名单，这个作品是对大地、对历史的解剖和润饰（图2-39、图2-40）。

　　西班牙巴塞罗那是欧洲闻名的艺术之都，1991年竣工的北站广场（图2-41～图2-44）是该市为迎接奥运会而进行的城市更新的一部分。旧的火车北站因铁路移至地下而失去了原来的作用，被改建为一系列新的建筑，如公共汽车总站、警察局、就业培训中心以及作

---

[1]　广林茂.生态雕塑.山东美术出版社：14.

图 2-38　流动的围篱

图 2-39　华盛顿的越南阵亡将士纪念碑（一）

图 2-40　华盛顿的越南阵亡将士纪念碑（二）

图 2-41　巴塞罗那北站广场入口

图 2-42　巴塞罗那北站广场——落下的天空

图 2-43　巴塞罗那北站广场鸟瞰

为奥运会乒乓球比赛场地的一个体育设施。公园建在原来铁轨占用的土地上，由建筑师阿瑞欧拉（Andreu Arriola Modorell）和费欧尔（Carme Fiol Costa）与来自纽约的女艺术家派帕（Beverly Pepper，1924-）合作设计，通过三件大尺度的大地艺术作品为城市创造了一个艺术化的空间。一是形成入口的两个种着植物的斜坡，二是名为"落下的天空"的盘桓在草地上的如巨龙般的曲面雕塑，三是沙地上点缀着放射状树木的一个下沉式的螺旋线——"树林螺旋"，既可作为露天剧场，又是休息座椅。三件作品均采用从白色、浅蓝色到深蓝色的不规则的釉面陶片作为装饰，在光线的照射下形成色彩斑斓的流动图案，让人联想到高迪或米罗的作品。景观设计将环境景观的使用功能与大地艺术的创作完美地结合在一起。本人创作的一些景观设计方案，如天津市铁东路道路景观、辽宁开原大清河景观规划等，都体现出了一些大地艺术的处理手法。[1]

图 2-44 巴塞罗那北站广场中的雕塑

大地艺术还为景观设计带来了艺术化地形的设计概念，它以大地为素材和对象，用完全人工化、艺术化的手法来塑造和改变大地的面貌，由于它既融入了环境，又表现了自身，所以越来越受到人们的接受和推崇。艺术化的地形不仅可以创造出如大地艺术般宏伟壮丽的景观，也可以塑造出亲切感人的空间。位于美国马萨诸塞州威尔斯利（Wellesley）的少年儿童发展研究所的儿童治疗花园（Therapeutic Garden for Children）是一个用来治疗儿童由于精神创伤引起的行为异常的花园，由瑞德（Douglas Reed）景观事务所和查尔德集团（Child Associates）共同设计。孩子们可以在此玩耍，并和医师一起通过感受美好环境进行治疗。花园的目的就是通过患儿与这个专门设计的景观的相互作用使孩子能体察到自己内心的最深处。0.4 公顷的基地上现有的橡树和山毛榉为设计创造了条件，穿过基地的原为溪流的一块低注的草地为设计师提供了灵感，于是，花园被设计成了一组被一条小溪侵蚀的微缩地表形态：安全隐蔽的沟壑，树木葱郁的高原，可以攀爬的山丘，隔绝的岛屿，吸引冒险者的陡缓不一的山坡，有无穷乐趣的池塘以及可以追逐嬉戏的开阔的林地。贯穿全园的 20 厘米宽的钢床溪流源自诊所游戏室外平台上的深色大理石盆，水自盆的边缘溢出，消失在平台的地下，然后又在平台边石墙外的不锈钢水口出现，流入小溪。由于植被和地表形态错落不齐，从一处根本无法欣赏花园的全貌，所以促使孩子们在花园中各处活动，以发现不同的空间区域（图 2-45 ～ 图 2-47）。

图 2-45 马萨诸塞州威尔斯利的少年儿童发展研究所的儿童治疗花园——模型照片

[1] 王向荣、林箐．西方现代景观设计的理论与实践．中国建筑工业出版社：195.

图 2-46 马萨诸塞州威尔斯利的少年儿童发展　　图 2-47 马萨诸塞州威尔斯利的少年儿童发展研
研究所的儿童治疗花园 ——平台上的溢泉　　　究所的儿童治疗花园——石墙外的不锈钢水口

　　英国著名的建筑评论家詹克斯的私家花园也是一个极富浪漫色彩的作品，花园以深奥玄妙的设计思想和艺术化的地形处理而著称，这既是对他的"形式追随宇宙观"观点的形象诠释，也体现了其对中国风水思想的理解。詹克斯夫妇在设计中以曲线为母题，土地、水和其他园林要素都形成了波动的效果，詹克斯甚至将这个花园称为"波动的景观"。整个花园景观中最富戏剧性效果的是一座绿茵茵的小山和一个池塘。这里曾经是一个沼泽地，克斯维科改造了地形，并从附近的小河引来了活水，创作了良好的景观环境，也改善了这块地的风水。绿草覆盖的螺旋形小山和反转扭曲的土丘构成了花园的视觉基调，水面随地形弯曲，形成两个半月形的池塘，两个水面合起来恰似一只蝴蝶。整个花园就是一个艺术化的地形和场地（如图 2-48 ～图 2-51）。[1]

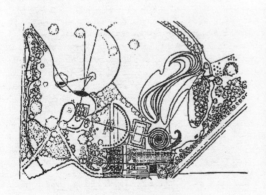

图 2-48 詹克斯的花园平面图　　　　　　　　图 2-49 詹克斯的花园中波动的地形

[1] 王向荣，林箐.西方现代景观设计的理论与实践.中国建筑工业出版社：202 ～ 203.

图 2-50 詹克斯的花园中的桥　　　　　图 2-51 詹克斯的花园中的对称断裂平台

　　大地艺术家们最初选择创作环境时，偏爱荒无人烟的旷野、滩涂和戈壁，以远离人群来达到人类和自然的灵魂的沟通。后来他们发现，那些因被人类的生产生活破坏而遭遗弃的土地也是很合适的场所，因此，大地艺术也成为各种废弃地更新、恢复、再利用的有效手段之一。20 世纪 90 年代，为了使德国科特布斯附近的露天矿坑尽早恢复生气，这个地区不断邀请世界各地的艺术家以巨大的废弃矿坑为背景，塑造大地艺术的作品，很多煤炭采掘设施，如传送带、大型设备甚至矿工住过的临时工棚、破旧的汽车也都被保留下来，成为了艺术品的一部分。矿坑、废弃的设备和艺术家的大地艺术作品交融在一起，形成了荒野的、浪漫的景观。[1]

　　大地艺术是从雕塑发展来的，但与雕塑不同的是，大地艺术与环境紧密结合，成为了环境景观的组合部分。大地艺术的叙述性、象征性、人工与自然的结合以及对自然的神秘感的表现等特征，都对当代景观设计有着重要启示。

　　艺术的生态实验，特别是大地艺术的思想，对景观设计有着深远的影响，丰富了景观设计的思想观念和表现方法。很多风景园林师在景观设计中都越来越倾向于借鉴大地艺术的表现方法，加强了景观的生态效果和艺术表现力。

2.4 小结

　　本章对后现代艺术的发展脉络以及艺术观念转变的特征与意义进行了系统的分析与论

[1] 王向荣，林箐.西方现代景观设计的理论与实践.中国建筑工业出版社：206.

述，并与现代艺术的特点进行了对比。如果说现代艺术只是一场形式的创新和革命的话，那么，后现代艺术则是彻底的观念转变和革命。这个转变也带来了当代艺术理论研究与艺术创作的关系的重构。后现代艺术变革激烈，异彩纷呈，但其总体回归生活的趋势是清晰明确的。后现代艺术的主要思潮，如观念艺术、行为艺术、大地艺术和波普艺术等，其观念和理想对当代景观的理论研究和创作观念具有深刻的、全方位的启发和影响。

　　后现代主义理论与观念的研究异常活跃，甚至可以说接近无穷，各种艺术现象错综复杂、枝蔓相连，艺术主张多元共存。后现代主义要回归商品化的现实社会和现实生活，充满了矛盾和冲突。

第三章　后现代艺术与景观的狂欢——
迪士尼乐园

只有当人在充分意义上是人的时候,他才游戏;只有当人游戏的时候,他才是完整的人。

——席勒

如果追本溯源,我们可以把大众文化与古希腊罗马,欧洲中世纪及其后的街头狂欢,当代艺术、景观、主题公园联系起来。娱乐在其中扮演着重要的角色,它是人们日常社会生活和审美文化的重要组成部分。

3.1　从巴赫金的狂欢理论到当代大众娱乐文化

20 世纪的大众文化、娱乐文化与现代早期[1]欧洲的狂欢在某些方面具有内在的联系和相似性。

《拉伯雷和他的世界》一书唤起了人们对狂欢、狂欢场所、公共广场娱乐、节日、游行、假面舞会、戏剧以及哲学、宇宙论的认识。整个欧洲中世纪,官方的基督教不断地与经久不衰的民族文化作斗争,但又屡次承认和默许其存在。

一些礼拜仪式与官方的宗教仪式一起流传下来,如"驴的盛宴节"的活动仪式原本是庆祝圣母玛利亚和婴儿耶稣一起来到埃及的,然而这个故事的主角却是一头驴,周围滑稽地表演的人们用驴叫一样的声音伴唱;再如法国源远流长的"愚人宴",是对与其同时举行的官方的纪念仪式和它的象征意义的一种滑稽的模仿和嘲弄,在这个庆祝活动中,人们可以在祭坛边纵酒狂欢,参加化妆舞会,跳古怪的舞蹈,还可以暴食、脱衣服等;此外,诙谐的模仿诗文在中世纪也相当流行。中世纪人们的意识里存在两副面孔和两种生活:一种是尊重不可忍受的东西,即官方文化一味的严肃,另外一种是"欢乐的生活"。"欢乐的生活"通过模仿以嘲弄的形式建立起自己虚拟的世界。中世纪艺术如 13 和 14 世纪的插图手稿,里面有传说中虔诚的圣人插图,同时也有一些随手画的神话怪物、喜剧魔鬼、玩手技杂耍的人、化妆舞会上的人模仿嘲弄的场面。虔诚和狂欢作乐的奇形怪诞的图案共同存在着,但没有融合在一起。

文艺复兴时期的罗马狂欢节不是政府为人们设立的节日,而是人们自己给自己设立的。在狂欢节期间,社会等级的不同似乎消失了,每个人既是演员又是观众,人们想怎么疯狂、放纵都可以。戴面具、穿奇装异服的人们把自己打扮成村姑、渔夫、希腊人……甚至男女

---

[1]　1500 年到 1800 年这段时期称为"现代早期".

错位装扮，街头上演着一场场怪诞的剧目，最后是狂欢的筵席。

狂欢的形式是放纵的举止、怪诞的戏剧、虚拟的冲突、错位的装扮、癫狂的语言。狂欢节纷繁复杂的活动和意象具有重要的哲学意义：狂欢的实质是一种"民主精神"、"人文精神"，狂欢宴会是社会的、集体的、公共的，是"天下所有人的宴会"，它是与阶级、特权制度相抗衡的；错位、颠倒、杂乱的意象是狂欢活动的一般特征，象征着特权制度的颠倒，不仅是在阶级和等级地位方面，而且是在男女、父子之间；狂欢的场所里有自己非正统的戏谑语言，诅咒、谩骂、污言秽语，无一不备，这在教堂和政府通常是严禁的；面具是为了分享颠倒世界的乐趣，部分是为了解除平常人的固定的身份，可以变化，其乐无穷。这种从古代膜拜仪式中流传下来的面具是狂欢节怪诞幽默的精髓，它与搞笑动作、鬼脸、漫画、怪异姿态、戏谑模仿密切相关，这种微妙的多种象征形式是对统一和雷同的否定。面具允许了多样化，允许了身份随意改变。狂欢的另一个重要的哲学成分是自我模仿以及自我嘲弄。狂欢节时的意象、交谈、宴饮和戏剧不仅是戏仿以嘲弄正统的关于世界的观念，他们同时也是在戏讽他们自己。狂欢的嬉笑声在哲学意义上总是模棱两可的，它意识到了所有真理和观念的相对性，包括它自己。[1]

有观点认为狂欢起到了安全阀门的作用，狂欢使相反或不同的意见和情绪得到暂时的释放，而且这种情绪一旦在嬉闹中消耗掉，实际上加强了正常的社会秩序。这也可能是狂欢活动能长期延续下来的重要原因。

在欧洲的文化历史上，狂欢作为一种公共的节庆活动在后来被缩减了。巴赫金在《拉伯雷和他的世界》中也认为狂欢活动和狂欢思想逐渐削弱了。但狂欢活动在南美洲还有声有色地延续着，并且还波及到澳大利亚。

在《拉伯雷和他的世界》中，巴赫金还探讨了狂欢活动中运气和机遇的哲学，这些狂欢活动包括市井杂事、体育运动、儿童游戏、赌博、西洋棋，还有各种各样的算命、许愿和预卜。从宇宙论角度来看，当代人的电视、各种游戏、体育运动等娱乐方式也具有狂欢的意味和性质。

在电视、游乐、竞赛等现代参与性的娱乐活动中，最典型的狂欢性质是其中有大量的奖品及奖励的诱惑，带有浓厚的博彩性质。博彩是一种商业味很浓的行为，但更值得注意的是这种博彩行为的心理意义。博彩的机遇性质实际上是对当代人的投机心理的强化，使人们通过游戏的方式把日常生活中没有得到的机遇重新寻找回来。博彩与日常生活中的机遇的明显不同之处就是它的游戏性。游戏其中的人们在沮丧、渴望和偶然的胜利造成的刺激以及随后的空虚的逼迫下不得不陷入兴奋与失落交替发生的强制性循环，这实际是狂欢，是为了使自己从被动的随机漂泊状态中解脱出来而进行的自我麻醉性质的狂欢。

游戏的意象被看作是生活和历史进程的浓缩的方式——幸运、厄运、得到、失去、享誉和平凡。游戏使演员（游戏者）暂时脱离了日常生活的界限，从平常的陈规陋习中解放出来，以其他更为轻松的规范代替既定的律法。

大众电视文化的总体氛围是到处弥漫着狂欢宇宙论，展现的是万象"生活"的缩影：兴奋、幸福、欢乐、悲剧、伤痛、失落、冲突、窘境、害怕、恐怖以及死亡等永恒的混合体验，在这里，时间和命运是开放的，至少是可以改变的，历史也是可能变化的，历史可

---

[1]　（澳）约翰·多克.后现代主义与大众文化.吴松江、张天飞译.辽宁教育出版社：243～247.

能在颠覆正常的秩序与权利的关系中瞥见平等和富裕的乌托邦光芒。

由此也可以看到，狂欢活动作为一种文化模式仍然强烈地影响着 20 世纪的大众文化、娱乐文化（包括好莱坞电影、大众电影、迪士尼乐园、各种竞赛、大众文学、艺术、景观等），这种文化已经国际化，其发展之昌盛、范围之广、影响之大、生命力之旺盛、创造力之丰富也许代表着大众文化历史的另一个顶峰，足可与早期的现代欧洲文化相媲美（图 3-1）。

3.2 当代审美文化的娱乐化特征

在当今大众日常生活领域，随着休闲方式的日常化，娱乐成为了人们日常生活中的一种新"时尚"。家居生活、商场购物、上班、旅行等，都可以"遭遇"到无所不在的娱乐氛围。这表明，人们的实际生活已经出现娱乐化、审美化的趋势。

娱乐成了审美文化和日常生活的一种普遍景观和重要特征。我们正面对娱乐文化，具体地说，我们正置身在以娱乐文化面貌出现的审美文化（大众文化、主流文化和精英文化）潮流之中（图 3-2）。

审美文化领域的新特点是：大众文化、主流文化、精英文化都把娱乐作为一种必要的和不可缺少的因素植入自身。

3.2.1 大众文化娱乐化

以现代大众传播媒介向公众大量传播信息的大众文化（mass culture，按其原意译为大量文化或媒介文化），把引发公众的即时娱乐（或瞬间快感）作为自身的主要目的，调动一切可能的现代传播媒介手段，最大限度地给公众带来娱乐，并不断再生产出大众所需要的娱乐，使他们充分享受到"消费社会"的快乐和便利，这是大众文化所擅长的。娱乐已经成为大众文化的一个主要特点。

3.2.2 主流文化娱乐化

以动员社会和教育公众为目的的主流文化（dominant culture），为了尽可能赢得和吸

图 3-1 迪士尼的游行与狂欢

图 3-2 当代审美文化的组成

引广大公众，也借鉴有效的娱乐手段，力求在轻松和感性愉悦中传播社会意图，寓教于乐，以取得最佳社会效果。

3.2.3 精英文化娱乐化

精英文化（elite culture 或 high culture）面临挑战，一部分精英不得不暂时放弃"孤芳自赏"的原则，努力向大众文化吸取成功的娱乐经验，以便传递独特的审美体验，从而也带有了娱乐化特征。

娱乐成为大众文化、主流文化和精英文化共同拥有的一种显著特征，审美文化从理性沉思走向感性娱乐这一趋势具有一定的必然性和合理性。

3.3 波普的娱乐性

波普具有天生的娱乐特性，波普艺术、波普建筑和波普景观能给大众带来快乐和欢娱。这也是主题游乐园的建筑、景观和公共艺术会采用波普形式的原因。

3.3.1 波普特质中的娱乐因子

波普有与生俱来的娱乐因子，这可以从它的 11 个特质中看出来：波普是"通俗的"、"流行的"，是指它是易读的、时尚的，大众可以在轻松的解读中获得快乐；波普是"短暂的"，说明它能给观者带来即刻快感、当下冲动、视觉的快乐；波普是"可消费的"、"便宜的"、"大批生产的"、"大生意"，是指对波普而言，大众消费换来的感受只会是快乐，而这种消费又是普通大众都能承担得起的，会有更多的大众去追求这种消费的快乐；波普是"年轻的"，是指这种消费更多的是面向青年的；波普是"机智诙谐的"、"诡秘狡诈的"，是指它具有诙谐幽默的气质；波普是"性感的"、"有魅力的"，更是说它能吸引人的眼球，给大众带来视觉的愉悦。

3.3.2 波普艺术与波普景观表现形式、表现语言的娱乐化特点

波普艺术、波普景观、波普建筑经常给人以轻松和欢娱之感。波普所传递的信息巧妙地抓住了处于焦虑与彷徨中的大众对于深刻和理性思考的排斥心理，它采用直白、通俗的表现形式和语言让大众在轻松的解读过程中获得满足感。就题材而言，波普与以往任何时代的艺术方向都背道而驰，其作品形象直接采用日常生活用品：汽车、可口可乐、汉堡包、商标、广告、影片、电视图像以及已有的景观和建筑等，它可以采用日常生活中一切可以利用的东西，创造出不同于以往经验的又很贴近日常生活的新奇的、刺激的视觉形象（波普艺术、波普景观和波普建筑），给大众带来视觉冲击，意料之外而又情理之中，使人会心一笑。波普也会将各种形象要素通过错位拼接、变换语境等变形、重组手法，给大众带来诙谐幽默的感觉。波普更会将一系列商业性、娱乐性信息与表现语言整合在一起，直接诉诸于快感，营造一种欢快娱乐的氛围，让人获得欢娱感。我们说波普具有娱乐性特点，并不是说它总是以快乐的面貌出现，而是指它具有给大众带来快乐的能力。波普走向了大众日常生活，走向了大众。大众生活不正需要这样的欢快和娱乐吗？波普应该是轻松的波

普,是娱乐的波普。如果说英国的波普与美国的波普相比较多了些政治和伤感,那么,美国波普则有更多的消费和快乐,这也正是波普在美国获得了更大的发展的重要原因。正是由于波普带有娱乐性特点,所以很多城市景观、建筑,特别是带有娱乐性、游乐性的景观、建筑偏爱波普形象。

迪士尼乐园就是一个最典型的实例:迪士尼的公共艺术是波普艺术,迪士尼的景观是波普的景观,迪士尼的建筑是波普的建筑。

3.4 解读迪士尼乐园

好的娱乐活动就是不论老少可以共同分享快乐,一个父母亲可以带小孩来玩的地方,同时,大人们也可以相携来玩的地方……迪士尼乐园就是这样的一个地方。

——沃尔特·迪士尼

3.4.1 向全世界扩张的迪士尼乐园

在 20 世纪 50 年代,美国人沃尔特·迪士尼有一天带着两个很小的女儿到某家游乐场游玩,当女儿们快乐地坐上旋转木马时,他坐在硬硬的木板上,边嚼花生米,边望着自己的孩子,心生灵感:我们需要一个可以让父母和孩子一同娱乐、尽兴游玩的场所。为了完成他的理想,他于 1955 年在洛杉矶成功地开创了迪士尼乐园。沃尔特·迪士尼把电影中的表现手法与游乐场的基本特性结合起来建成了世界上第一个大型主题游乐园——迪士尼乐园(图 3-3)。迪士尼乐园以其丰富的主题,把动画片中所运用的色彩、刺激、魔幻等表现手法与游乐园的功能相结合,运用现代科技手段为游客营造出了一个充满梦幻、奇特、惊险和刺激的世界,使游客感受到无穷的乐趣。1971 年,迪士尼公司又在本土建成了占地 130 平方公里,由 7 个风格迥异的主题公园、6 个高尔夫俱乐部和 6 个主题酒店组成的奥兰多迪士尼世界。迪士尼乐园所获得的成功产生了巨大影响,使主题公园这一游乐形式在世界各地普及推广。1983 年,日本建成了东京迪士尼乐园并获巨大的成功,被誉为亚洲第一个迪士尼乐园(图 3-4)。法国也在 1992 年建成了欧洲的第一个迪士尼乐园(图 3-5)。到 2005 年 9 月,又在香港(大屿山竹篙湾临海地段)建成了亚洲第二个迪士尼乐园(图 3-6)。迪士尼在世界各地已经建有六大乐园。这六个迪士尼乐园的主题、经营方式基本是一样的,是自我参照复制的产物。

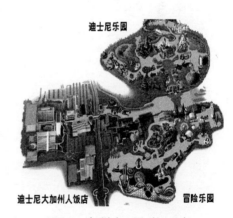

图 3-3 加州迪士尼乐园示意

图 3-4 东京迪士尼乐园示意

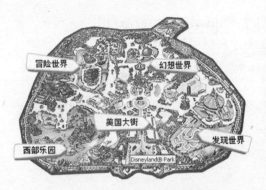

图 3-5 巴黎迪士尼乐园示意

图 3-6 香港迪士尼乐园夜景鸟瞰

但是，由于经济、场地的原因和所处国家文化背景的不同，使得每个乐园的主题分区、景点、规模等又有所不同（表3-1）。

世界六大迪士尼乐园一览表

表3-1

排序	名称	国家	城市	开业年份	面积	年游客量	主题分区	其他配套项目
1	迪士尼乐园Disney World	美国	加利福尼亚州洛杉矶市	1955年	80平方公里		八大主题区： 1.明日世界Tomorrowland 2.冒险乐园Adventureland 3.动物王国Critter Country 4.卡通城Mickey's Toontown 5.新奥尔良广场New Orleans Square 6.幻想世界Fantasyland 7.西部乐园Frontierland 8.美国大街Main Street, U.S.A.	2001年落成的冒险乐园、迪士尼大加州人饭店
2	华特迪士尼世界WDW神奇王国Walt Disney World	美国	佛罗里达州奥兰多市	1971年	109平方公里	1400万	七大主题分区： 1.冒险乐园Adventureland 2.西部乐园Frontierland 3.自由广场Liberty Square 4.幻想世界Fantasyland 5.米奇卡通城市集 Mickey's Toontown Fair 6.明日世界Tomorrowland 7.美国大街Main Street, U.S.A.	爱普考特（epcot）；动物王国、米高梅影城；水上乐园；迪士尼世界市中心；迪士尼世界度假旅馆

续表

排序	名称	国家	城市	开业年份	面积	年游客量	主题分区	其他配套项目
3	东京迪士尼乐园 Tokyo Disney land	日本	东京千叶县浦安市	1983年	2.11平方公里	1400万 (1990年)	七大主题分区： 1.世界市集world bazaar 2.冒险乐园Adventureland 3.西部乐园Western land 4.动物王国Critter Country 5.幻想世界Fantasyland 6.卡通城Toontown 7.明日世界Tomorrowland	迪士尼大使饭店、东京迪士尼度假区公认饭店、伊克斯皮儿莉
4	巴黎迪士尼乐园 Disney land paris	法国	巴黎	1992年	44平方公里	1000万	五大主题区 1.美国大街Main Street, U.S.A. 2.发现乐园 Discoeryland 3.幻想世界Fantasyland 4.冒险乐园Adventureland 5. 西部乐园Frontierland	巴黎迪士尼影城、巴黎迪士尼乐园度假区 耗资44亿美元
5	东京迪士尼海洋乐园 Tokyo Disney Sea theme park	日本	东京千叶县浦安市	2001年	0.714平方公里		七大主题海港： 1.地中海港湾 (Mediterranean Harbor) 2.美国海滨(American Waterfront) 3.发现港(Port Discovery) 4.神秘岛(Mystery Island) 5.美人鱼礁湖(Mermaid Lagoon) 6.失落的三角洲(Lost River Delta) 7.阿拉伯海岸(Arabian Coast)	东京迪士尼观海景大饭店（意大利风格）耗资3380亿日元，相当于28.2亿美元
6	香港迪士尼乐园 Hong Kong Disney-land	中国	香港大屿山竹篙湾	2005年	1.26平方公里	大于500万	四大主题分区： 1.美国小镇大街Main Street, U.S.A. 2.明日世界Tomorrowland 3.幻想世界Fantasyland 4. 冒险世界Adventureland	香港迪士尼乐园酒店、迪士尼好莱坞酒店 投资270亿港币

迪士尼乐园的巨大成功带来了主题游乐园的全面发展，到 20 世纪 80 年代末，在北美，每年超过 100 万游客的主题游乐园有 30 个，除一个在加拿大外，其他都集中在美国，欧洲有 21 个大型主题游乐园，而日本到 1990 年已有 14 个大型游乐园建成。20 世纪 80 年代，随着亚洲经济的快速发展，韩国、新加坡、印尼、中国香港、中国台湾等亚洲国家和地区也相继建成了各种主题游乐园，如香港海洋公园、印尼 JayaAncol 乐园、台湾九族文化村等，亚洲的主题游乐园建设也进入了蓬勃发展的高潮时期。中国内地的主题游乐园建设起步较晚，但发展非常迅速，20 世纪 90 年代初在深圳建成了锦绣中华、中国民俗文化村和世界之窗后，在全国范围出现了主题游乐园建设热潮。

3.4.2　解读迪士尼乐园

当代的美国人几乎都是和迪士尼乐园及它的卡通人物一起长大的，迪士尼已经成为美国人生活中不可缺少的一部分，它也是美国文化的一部分。迪士尼乐园是当代波普艺术、波普景观和建筑的最好诠释和最典型的代表（图 3-7）。

在迪士尼的世界里，天空总是蓝的，环境犹如梦幻般的仙境，商业和服务总是应有尽有，人们沉浸在极度的欢娱之中。在它的一切都那么完美的背后，我们可以清楚地窥视到其商业性的目的，在它的包罗万象、令人眼花缭乱的表象下面，我们可以归纳出其主要特点和目标。

图 3-7　睡美人城堡

3.4.2.1　核心目标

迪士尼乐园所塑造的一切都是为了给在长期工作、学习和生活压力下已经疲惫不堪的人们提供一个暂时逃离现实社会的场所，这与欧洲早期的狂欢起到的安全阀门的作用又何其相似。在这里，时间的概念消失了，时间的紧迫感和时刻表的刻板性也消失了，在没有压力的情况下，人们仿佛飘浮在充满乐趣的、暂时的梦幻中。外面的世界几乎全被遗忘，没有工业社会普遍存在的危机感，没有摩天大楼的压抑感和城市交通的拥挤感，更没有现实社会中的犯罪、酗酒和事故发生，有的只是完全的放松与快乐，一种逃避式的快感。

3.4.2.2　题材类型

迪士尼乐园是一个包罗万象的大千世界，但这一复杂的世界主要由四种题材构成：梦幻、冒险、未来和文化。整个乐园就围绕这四个题材的主题线索展开。

梦幻系列：迪士尼的梦幻环境是理想化的娱乐世界（图 3-8 ～图 3-10）。魔法王国主要是由卡通里的角色和场景以及三维动画组成的场景。自由广场展现了传奇化的历史，包括有殖民地建筑——自由钟的场景以及由"林肯"以主人的身份进行的一场介绍和颂

图 3-8 香港迪士尼乐园幻想世界（一）

图 3-9 香港迪士尼乐园幻想世界（二）

扬美国历史上每一位总统的"林肯演讲秀"。幽灵鬼屋则是让游客乘车经过一条黑暗的隧道，其中布置有很多用以增加恐怖气氛的鬼怪全息图。米奇星城把米老鼠卡通里的欢乐场景改造成了生活中的"现实环境"，米奇的屋子也装饰成了卡通风格（图 3-11）。美国大街将 19 世纪末 20 世纪初的小镇浪漫化了，尽管它们的维多利亚建筑风格下的商铺和酒吧里卖的其实是主题纪念品和食品（图 3-12）。梦幻乐园展现的是一些来自儿童文学作品里的场景，包括疯海特的饮茶派对、灰姑娘的城堡以及白雪公主和七个小矮人（图 3-13 ～ 图 3-15）。迪士尼的米高梅影城是一个梦幻电影的世界，游客能在摄影布景和道具中漫步，欣赏人行道滑稽短剧和巡游音乐家的现场表演，并且有背景音乐烘托气氛。

图 3-10 香港迪士尼乐园幻想世界（三）

图 3-11 米奇的屋子

冒险系列：迪士尼的冒险环境是一个享受刺激和惊险的世界。边缘地带将游客带到了 19 世纪 90 年代的"美国边境"，这里有草原前哨、供给线、边境贸易点、边境贸易等场景，但景观建筑内部却全是用于经营礼物、时装和饮料食品的。在冒险地带，鲁滨逊的树屋再现了故事里描述的情景，树屋里还有船舶遇难者家庭存有的航海用品和当地生活用品。冒险刺激的项目在迪士尼到处都有（图 3-16、图 3-17）。

图 3-12 美国大街

图 3-13 灰姑娘城堡（一）

图 3-14 灰姑娘城堡（二）

图 3-15 白雪公主和七个小矮人

图 3-16 香港迪士尼乐园冒险世界（一）

图 3-17 香港迪士尼乐园冒险世界（二）

未来系列：迪士尼为游客展示了高科技的神奇魅力和对未来的美好憧憬。在明日乐园，有一个仿造的前往火星旅行的惊险场景，游客被送入一个旋转的光束圆锥体，在一个360度的屏幕上再现了这次飞行。一条电磁轨道上有运送新婚夫妇的新婚快车。艾博卡特中心有一半属于明日世界，它由几个主要的看台组成，空气中飘荡着"空间旅行"的电影音乐，电梯特意用了一个宇宙飞船的背景，设计主题完全是未来主义风格的。明日世界的展览将永无止境的技术进步带给我们生活的巨大变化展现给游客，每个展区由赞助商自己设计：在太空船地球（赞助商：美国电话电报公司）中有一个展现了通信历史的几何球体；关怀生命馆（赞助商：大都会保险公司）展示了大脑、怀孕、分娩和其他与健康相关的主题；海洋生物馆（赞助商：联合技术集团）建造在一个巨大的海洋水族馆附近，展示了海洋生物的相关知识；运动世界（赞助商：通用汽车公司）展现给游客的则是运输工具发展的历史……[1]（图3-18 ~图3-20）。

文化系列：迪士尼是一个展示世界文化风情的橱窗。在世界橱窗，有11个国家的展台或展区，每个展区展示本地区著名的景物、工艺、风味和传统艺术表演。在阿兹特克金字塔内，展示了墨西哥村庄广场的一个夜晚，广场有集市、店铺、墨西哥流浪乐队和一个"户外"餐馆。游客们可以坐船游览了解这个国家的历史发展。挪威的村庄广场有海盗船漩涡之旅的入口，海盗船的码头在一个渔村。天坛的复制品是中国展区的中心，它与一个终点是圣乔治喷泉的德国广场毗连……

图 3-18　香港迪士尼乐园明日世界（一）

图 3-19　香港迪士尼乐园明日世界（二）

图 3-20　艾博卡特的未来世界

[1]　（美）阿诺德·伯林特. 生活在景观中. 陈盼译. 湖南科学技术出版社：35.

3.4.2.3 特点分析

作为美国文化的重要象征之一，迪士尼乐园与拉斯韦加斯、好莱坞以及麦当劳一样，向世人灌输着一种娱乐与消费文化。游客在娱乐与体验的过程中可以获得满足感；而迪士尼公司则通过提供服务获得巨大收益，也借此向世界传播美式文化。迪士尼乐园具有以下特征：

娱乐性（娱乐无处不在）：迪士尼乐园是一个娱乐的世界，游客在此可体验到从身体、感官到心灵的全方位的刺激和愉悦。在迪士尼乐园，无论游客身处童话仙境、明日世界、西部乐园还是美国大街，娱乐始终与你相伴，娱乐就是一切。

消费性（消费无处不在）：迪士尼乐园提供的娱乐和服务都是商品，谁要是享受这种娱乐和服务，就得付款，而且价格不菲。这与"为艺术而艺术"的古典审美情怀下的传统园林完全不同。商业性、消费性决定了迪士尼乐园策划、规划设计的出发点是营造"卖点"，迎合消费者的口味。消费者多样性的需求，必然导致一个集锦式的景观环境的出现。

技术性（技术无处不在）：技术在这里既是制造娱乐的手段，同时它也成为制造娱乐的重要内容。技术保证了现代化游乐设施的可靠运行，而且技术在制造虚幻世界的任务中扮演了越来越重要的角色。在明日世界，高技派风格的游乐设施和建筑将技术的魅力直接展现了出来，成为了娱乐和表现的重要内容。明日世界的展览更是将技术进步带给人们生活的巨大变化直接展现了出来。

波普性（波普无处不在）：迪士尼乐园从某种意义上来说就是一个波普附身的主题公园。迪士尼的公共艺术是波普艺术，迪士尼的景观与建筑是波普的景观与建筑，甚至迪士尼的游乐设施也都是用波普艺术包装的游乐设施。

信息饱和（信息无处不在）：商业性的特点就是强调视觉冲击力和信息超度饱和。波普艺术的商业特性使它经常以新奇、活泼、性感的外貌，信息超饱和地刺激大众之注意力，进而引起他们的消费欲。迪士尼乐园常常以夸张的色彩和尺度、堆砌的文化与商业符号，使游客感觉琳琅满目，获得超度饱和的信息量。迪士尼乐园就是一个万花筒般的包罗万象的大千世界。

3.5 波普化的迪士尼乐园艺术与景观特征分析

迪士尼乐园的硬件景点、设施及环境主要包括四部分内容：建筑景观（景点建筑、桥、景观小品、广场、道路等），自然景观（山体、水体、植物），公共艺术（雕塑、浮雕、壁画、标志、吉祥物、广告、招贴画等）以及设备、设施（游乐设备设施、公共设施、康体游憩设施、夜景照明系统、音响系统、交通工具及设施等）。

3.5.1 拟象世界中的迪士尼乐园

法国后现代主义理论家让·鲍德里亚尔把后现代社会描述为不真实的拟象世界。鲍德里亚尔的"拟象"与模仿、再现是完全不同的。模仿与再现的条件是符号与真实对等的原则，即模仿的前提是模仿的符号（包括图像）与其所模仿的对象之间可以建立交换的关系，它的条件是"有"真实存在，它是"有"的缺席；但"拟象"或仿真却是"无"而假装"有"，它是没有本质的，它永远不能与真实之物交换，只能自我交换，在不断转换的能指中重复地指涉自我。鲍德里亚尔认为，这种"拟象"的最典型的形式就是美国的迪士尼乐园，它是"仿真序列中最完美的样板"。[1] 它把历史的、物质的东西都变成了虚拟的，在那里，海盗、边境、灰姑娘城堡、木屋、著名的历史遗迹、明日世界、美国大街等，都以虚拟的形式出现。在这里，不存在真实或虚假问题，因为它们是"拟象"的真实存在，是本源缺席的想象之物。在迪士尼乐园，游客们进入的是一个虚拟的、没有时间性的、与现实不同秩序的世界——一个充满乐趣的无忧无虑的"桃花源"式的世界。

3.5.2 迪士尼乐园的景观与建筑——波普景观与建筑

迪士尼乐园的景观与建筑是波普的大汇集，波普的各种表现手法在此都能得到充分的展示和演绎，这里是波普的创意试验基地。波普景观与建筑的表现手法可归纳如下：

再现日常：迪士尼乐园中的很多景观与建筑的创作题材和形象元素直接取材于现实世界的日常生活物品：可口可乐、汉堡、运动器械、海洋生物、电影胶片、服饰用品等生活中可以利用的物品。设计师们将日常用品作为景观与建筑艺术的创作元素，创造出了能够给游客带来快乐和愉悦的波普景观与建筑，就创作题材而言，是与以往的景观与建筑的创作背道而驰的，这也是波普能给大众带来惊喜和快乐的重要原因。巨大的鲨鱼翅、浪花、海洋生物等构成了建筑的表现元素；体育设施、运动器械成为了建筑的主要表现元素，其鲜艳的色彩加强了波普的表现效果；电影胶片、古树都是给景观与建筑带来趣味的重要元素（图3-21～图3-28）。

图 3-21 迪士尼建筑（一）

图 3-22 迪士尼建筑（二）

图 3-23 迪士尼建筑（三）

---

[1] 牛宏宝.西方现代美学.上海人民出版社:774.

图 3-24 迪士尼建筑（四）

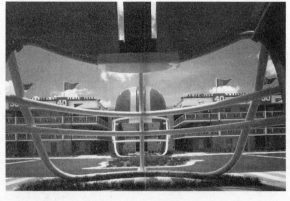

图 3-25 迪士尼建筑（五）

图 3-26 迪士尼建筑（六）

图 3-27 迪士尼建筑（七）

图 3-28 迪士尼建筑（八）

拼贴荒诞：迪士尼乐园中的景观与建筑追求诙谐的、荒诞的波普艺术效果，就是为了迎合游客求新奇、求刺激的心理需求。迪士尼的景观与建筑为了向游客展现与其他建筑不同的特殊面孔，所以经常以"丑的、平庸的建筑"代替"英雄性、原创性的建筑"，以"丑"取代"美"，以"怪异"代替"崇高"，追求怪诞、破落、畸形等否定的审美倾向。迪士尼的景观与建筑经常使用夸张变形和支离破碎等手法进行表现，卡通城采用了变形、破坏裂解的处理手法，追求一种富于神秘感和童趣的表现效果。另外，还经常将不同形状、不同比例、不同尺度、不同风格及不同类型的元素和部件并置或拼贴在一起，产生强烈的冲突、断裂、失调、不完整、不和谐甚至荒诞的艺术效果（图3-29～图3-33）。

图 3-29 迪士尼建筑（九）

图 3-30 迪士尼建筑（十）

图 3-31 迪士尼建筑（十一）

图 3-32 迪士尼建筑（十二）

图 3-33 迪士尼建筑（十三）

戏仿传统：迪士尼乐园是在没有把自身变为历史景观的情况下展现了历史，除了它的真实的和想象的历史内容外，迪士尼实际上是与历史无关的。在这里，拓荒时代、加勒比海要塞寻宝、摩尔人的生活等都是理想化的、虚构的。迪士尼乐园有关文化系列题材的景观与建筑中很多都是通过戏仿传统的方式表现的。历史的真实性在此变得无关紧要，重要的是要使游客满意和喜欢。

虚拟未来：迪士尼乐园对未来的憧憬和表现并不是为了准确地预测未来的发展，它更多的是为了虚构和畅想未来，达到娱乐游客的当下这一目的。迪士尼对未来的虚构和表现是要借助技术手法加以完成的，未来的世界是技术高度发展的世界，技术不仅是手段，它同时也经常是虚构和表现的对象。未来是最受儿童、青少年游客欢迎向往的，让他们的理想插上翅膀，在虚构和幻想的天空中飞翔。迪士尼为游客展现了一个令人神往的幻想世界（图 3-34～图 3-37）。

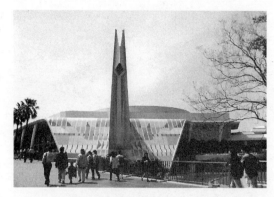

图 3-34　迪士尼建筑（十四）

图 3-35　迪士尼建筑（十五）

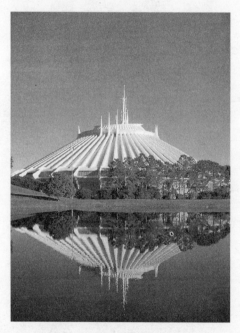

图 3-36　迪士尼建筑（十六）

图 3-37　迪士尼建筑（十七）

3.5.3　迪士尼乐园的公共艺术——波普艺术

迪士尼乐园的公共艺术包括雕塑、浮雕、壁画、标志、吉祥物、广告、招贴画等内容，它是迪士尼的环境中最吸引人和最富于艺术表现力的内容之一。迪士尼公共艺术的表现手法与景观、建筑一样：再现日常、拼贴荒诞、戏仿传统、虚构未来。但公共艺术的表现手法更夸张，表现力更强烈，它与景观、建筑融合，共同创造出了迪士尼梦幻的、冒险的、未来的、文化的系列主题娱乐环境。具体可归纳为如下几种表现形式：

1. 公共艺术与"点状"广场景观环境融合

公共艺术布置在乐园中用于公共活动的广场及一些供人休闲、游乐的场地内，公共艺术与广场环境及其他景观元素结合，既可创作有视觉冲击力的景观效果，也可形成生动、活泼的景观气氛。

2、公共艺术与"线状"道路景观环境融合

公共艺术布置在景观道路上，与道路两边的建筑、公共设施、绿化、橱窗、广告及行走的游人形成了十分生动有趣的景致（图3-38～图3-40）。

3. 公共艺术与水景观环境融合

水是生命之源，是最富于动感和灵性的景观元素。公共艺术与水环境的结合可创造出变化无穷的形式语言和激动人心的景观效果（图3-41）。

图 3-38 迪士尼公共艺术（一）

图 3-39 迪士尼公共艺术（二）

图 3-40 迪士尼公共艺术（三）

图 3-41 迪士尼公共艺术（四）

4. 公共艺术与夜景环境融合

在迪士尼乐园，夜晚是最美的时刻，公共艺术的创意与夜景照明设计相结合，能够演绎最浪漫、最富于戏剧性的景观效果。

5. 公共艺术与建筑造型融合

公共艺术与建筑造型有机结合，成为建筑造型的有机组成部分，这样既可借助建筑的较大体量，加强公共艺术的表现力，同时也可丰富建筑的表现语汇和手法（图3-42～图3-46）。

图3-42　迪士尼公共艺术与建筑（一）

图3-43　迪士尼公共艺术与建筑（二）

图3-44　迪士尼公共艺术与建筑（三）

图3-45　迪士尼公共艺术与建筑（四）

图3-46　迪士尼公共艺术与建筑（五）

6. 公共艺术与景观造型融合

公共艺术与树木、花卉等软质景观和场地、铺装等硬质景观结合，可产生与大地、自然融为一体的美妙感觉，创造出丰富多样、多彩多姿的艺术造型效果。迪士尼乐园中很多乔灌木都修剪成各种造型，使游客犹如进入到了梦幻般的童话世界（图3-47～图3-51）。

图 3-47 迪士尼植物景观（一）

图 3-48 迪士尼植物景观（二）

图 3-49 迪士尼植物景观（三）

图 3-50 迪士尼植物景观（四）

图 3-51 迪士尼植物景观（五）

7. 公共艺术与游乐设施结合

游乐设施是迪士尼乐园最重要的组成部分。公共艺术与游乐设施的造型结合，形成了迪士尼乐园中最有特色和最引人注目的景观。

在迪士尼乐园，艺术（公共艺术）无处不在。一切都是波普，波普就是（迪士尼的）一切（图3-52～图3-55）。

图3-52 迪士尼公共艺术与游乐设施（一）

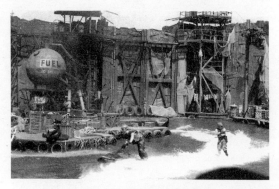

图3-53 迪士尼公共艺术与游乐设施（二）

图3-54 迪士尼公共艺术与游乐设施（三）

图3-55 迪士尼公共艺术与游乐设施（四）

3.6 狂欢迪士尼

迪士尼乐园的软件主要包括故事、电影、音乐、表现、游行等内容。硬件和软件共同构成了迪士尼乐园富于活力的多彩世界。迪士尼的硬件和软件都是按照主题故事的线索展现的。迪士尼的每个娱乐场馆和项目都是一段精彩的故事，每一个主题分区都由故事线将一段段故事联系起来，实际上，迪士尼乐园就是一个美丽的大故事会，只不过这个故事会由于有硬件仿真的场景环境，所以似乎显得更加"逼真"，更加引人入胜。沉浸于故事中的游客，穿梭、遨游在过去与未来、梦幻与现实之间。迪士尼的电影、音乐也是配合故事情节展开的重要手段。为了加强表现效果，还配有立体电影、动感电影、球幕电影、环幕电影、水幕电影等多种电影演出形式；为了加强音响效果，还配有立体声音乐、音乐配音等。迪士尼的表演和最后的大游行是迪士尼乐园所有娱乐活动的高潮，是对欧洲中世纪狂欢活动的戏仿——狂欢迪士尼。

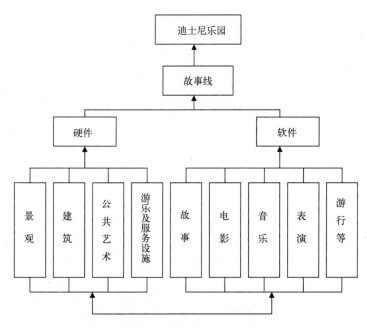

图 3-56 迪士尼乐园的组成

3.7 小结

从古希腊古罗马、欧洲中世纪及其后的街头狂欢，直到当代艺术、景观与主题公园，大众文化的影响是一以贯之的，当代大众文化与娱乐文化对我们的影响更是遍及我们社会生活的每一个角落。后现代艺术与景观的主要观念及理论都是与大众文化一脉相承的。如果给后现代艺术与景观找一个最佳代言人的话，那一定是迪士尼乐园。受大众文化与娱乐文化影响的迪士尼乐园最好地诠释了当代艺术与景观的理念与特征。迪士尼的公共艺术是波普艺术，迪士尼的景观是波普景观，迪士尼的建筑是波普建筑，迪士尼的娱乐是波普的娱乐。

第四章 在理想与现实之间——当代中国景观

在当代人类世界有两种相关的危机：第一种，也是最直接的危机，是污染环境的危机；第二种更微秒，也同样是致命的，这就是人自身的危机——他同自己的联系、他的外延、他的制度和他的观念，他同所有包围他的那一切关系的危机，还有他和居住在地球上的各个群体之间的关系的危机，一句话，他同他的文化的危机。

——爱德华·T·哈尔

当代中国城市景观建设发展迅猛，城市景观面貌日新月异，但也存在着很多的问题，这里既有管理决策的问题，更有设计环节的问题。景观设计领域普遍存在着理论研究滞后、创作缺少原始性和精神内涵等问题。现代和后现代艺术的创新性观念和方法对当代景观设计具有重要的启发和引导作用。但由于种种原因，在新中国成立后的三十年左右时间内，现代艺术的探索和研究几乎处于真空状态，这对于我国景观、建筑及其他艺术设计领域的创新发展产生了很大的影响，设计的原创动力不足。改革开放后，我国面临现代主义与后现代主义的双重选择，既是机遇，又是挑战。如何在头绪纷繁、错综复杂的问题之中梳理出当代中国景观的创作思路，探索建设有中国特色的城市景观建设之路，既是当务之急，也是历史的重任。

4.1 当代中国城市景观建设存在的问题剖析

4.1.1 城市景观美化，忽视功能内容

我国的城市景观美化往往流于形式，其典型特征是为视觉形式美而设计，为参观者而美化，强调纪念性和展示性，这种城市美化危害极大。城市景观大道越来越宽，林荫越来越少，非人性的尺度和速度，成为人行与自行车的屏障，缺乏对人的关怀。广场越建越大，大面积硬质铺装和草坪，为了追求感官效果气派而忽略了生态效果。到了夏天，这些广场地表温度过高，不容易涵养水分，同时也不容易吸附沙尘，导致局部小气候恶劣。许多广场不是以市民的休闲和活动为目的，而是把市民当作观众，广场或广场上的雕塑，广场边的市府大楼却成为主体，整个广场成为舞台布景。广场以大为美，以空旷为美，全然不考虑人的需要，广场作为人与人交流场所的本质意义被遗忘。占用大量土地资源的广场成为不见人的广场。

城市水系是城市景观美的灵魂和历史文化的载体，是城市风韵和灵气之所在，具有生态廊道，遗产廊道，绿色休闲通道，城市界面和城市生活的界面五种重要功能，但落后的源于小农时代的对水的恐怖意识和工业时代初期以规整为美的硬化渠化理念，正支配着城市水系的"美化"与治理。一些城市市政设施和地标性建筑迎合领导意图，求新、求奇、

求大，争第一，造成了城市景观的整体混乱、不协调。[1]

4.1.2 城市高层林立，生存环境恶化

一直以来都存在对高层建筑的讨论和质疑，但是很多城市盲目建设大量高层建筑，以高为荣，以庞大为美，认为这是城市现代化的标志。结果造成建筑体量失衡，缺乏亲近感，拒人于千里之外；城市的绿地减少，交通拥挤不堪，停车空间不够，空间非人性化，人们生活在钢筋混凝土的建筑森林中。掩藏在高楼大厦背后的却是危害城市居民身心健康的生态负效应：建材污染效应、能量耗散效应、气候热岛效应、水分流失效应、环境污染效应、建筑拥挤效应、景观压抑效应等。

高层建筑对人口密度大、经济发达的大城市和特大城市而言，受其城市发展的需要和用地的限制，是必然的选择，但并不是所有城市最理想的选择。

对人口密度相对较小的中小城市而言，高楼大厦不是城市"现代化"的标志，适宜的尺度和优美的自然生态环境和人文环境才是我们追求的理想家园。很多中小城市在其城市主要干道、道路交叉口、重要地区、重要节点建设大量的超高层建筑或地标建筑，以求快速进入现代化城市之列。这些都是城市景观建设的误途。

现代城市首先应是广大民众的城市，是人性化的城市。城市设计应当首先关注民众的生活、生产和活动，解决城市的环境和生态问题，延续城市的文化和文脉。建筑是城市和谐之美的重要组成部分，每个城市都应该走具有自己特色的发展之路，避免"千城一面"。

4.1.3 城市"破旧立新"，文化失语、文明失忆

大规模的旧城改建和新城开发，使我国的城市面貌发生了天翻地覆的变化。拆除了不少"旧"建筑之后，在我们眼前出现了鳞次栉比的摩天大厦、富丽堂皇的商贸街区、环境优美的住宅小区，还有不少广场、步行街、街头绿地、主题公园等。每个城市都给人"焕然一新"的感觉，但每个城市又给人"似曾相识"的感觉，我们所熟悉的城市文化个性逐渐消失。

一座城市区别于其他城市的是记载本地文化和历史的本土建筑。这些代表了历史、人文的建筑却倒在推土机的履带下，传统城市连续的街道空间被小区围墙肢解，大量土地被圈走。城市纷纷借助规划"脱去旧衣，换上新裳"。经济上开始富裕起来的中国城市，需要通过气派的城市建成环境来装点"门面"，结果却导致了本土历史文化的缺失。

城市是文化的载体，一个城市的景观面貌直接反映着它所处的地域的文化背景，而现在急功近利、贪大求全、喜新厌旧的风气阻碍了很多城市的发展。一个个渴望跑步进入现代化的城市都统一的以城市广场商业中心、行政中心、绿地城市道路的体量或数量，作为城市现代化的标准，在确立样板城市后，再进行城市之间的相互交流和学习，并将这种结果不断扩大。在这种"速生型"的城市建设中，文脉是个可笑的名词，城市的建成环境与历史文脉的现有环境之间没有什么必然联系。这就使得所谓的与国际接轨的中国城市环境是以丢失千百年历史文化为代价的，而这种损失往往是无法弥补的。

城市景观改造应该高度重视城市肌理和文脉的保护与延续，使我们的文明、文化能够

---

[1] 俞孔坚、李迪华. 城市景观之路——与市长们交流. 中国建筑工业出版社: 66 ~ 67.

传承下去，把城市的记忆保留下来。

4.1.4 打造局部亮点，忽略整体控制

我国城市景观建设受财力局限和利益驱使，追求急功近利，注重短期行为，打造"短、平、快"项目，缺少系统的长远规划。景观是一个系统，局部的改善不会带来整个生态系统的根本好转。如很多城市水系景观改造只注重市中心段的水景观的处理，而不考虑整个流域的保护性规划；城市绿化景观也是如此，没有考虑它的廊道效应。应该研究和建立城市景观生态系统的整体建构，保持廊道的完整性、斑块和嵌块形态的结合，维持城市景观的异质性、多样性，是城市景观设计的准则。我们必须认识到，城市是一个生命的系统，是有结构的，不同的空间构形和格局有不同的生态功能。所以，协调城市与自然系统的关系绝不是一个量的问题，更重要的是空间格局问题。因此，当代城市和区域规划的一个巨大挑战是：如何设计一种景观格局，以便在有限的土地上建立一个战略性的土地生命系统的结构，最大限度地、高效地保障自然和生物过程、历史文化过程的完整性和连续性，同时给城市扩展留出足够的空间。

4.1.5 复古仿古盛行，缺少时代精神

在我国的城市景观建设中，复古之风盛行，"假古董"、"洋古董"到处招摇过市，既有大量亭、台、楼、榭、廊与大屋顶的景观建筑等农业文明的产物出现，也有大片仿欧式古典风情的广场、园林和小品建成。其实，这些都不适合当代的审美和城市环境的需求。在当代，新材料、新技术、新观念必然为城市景观带来全新的面貌。在突出城市景观特色上要强调传统文化的保护和继承，而不是简单的仿古，更不是盲目的崇洋。城市景观建设既要严格保护传统建筑和街区环境，更要创造具有时代特色的、生态的、现代化的新景观。

4.1.6 人工取代自然，生态系统退化

在现代大规模的城市景观设计中，运用石材、广场砖等材质对广场铺地、河堤进行硬化改造，整齐划一的大量人工景造成生态环境的恶化。另外，一些城市为了快速达到一定的绿化目的，使得原生态的野生植物物种被大面积的人工草坪所取代，生物的多样性遭到破坏，生态系统退化。城市景观几乎已经丧失了生物多样性，成为了生物物种单一、脆弱的生态系统。所以，在城市景观生态建设中，我们应尽最大努力，尽量保留原生态和原生态景观，不要将其全部破坏以建成物种单一的大草坪、大护坡、大广场、大水池的人工景观。景观设计与自然结合，巧用自然材料，尽量少用人工，这也是对我国古典园林造园文化的传承。

我国城市正进入一个景观建设快速发展的阶段，但普遍缺少系统的景观生态理论指导，景观生态建设不只是解决绿化、美化问题，更重要的是，要建立完整的城市景观生态体系，保护物种的多样性和物种运动，满足人们对"生活质量"这一城市生态系统中心目标的日益提高的要求，满足城市可持续发展的战略需要。

4.1.7 热衷模仿照搬，缺少形式创新

我国现代环境景观设计由于起步较晚，设计水平相对较低，在设计过程中经常将国外

景观设计师的作品作为样板，生硬地模仿、照搬他们的新颖形式和处理方法，而不考虑或很少考虑他们是如何思考、如何创作、如何分析场地的特点进行构思，如何综合解决景观中各种问题的。只知其然，不知其所以然。这样做的弊病是：一方面，全国都照搬那些固定的样式、那几本书，造成了另外一种千篇一律；另一方面，这种照搬的形式没有地域的精神，与地域、场地没有内在的联系和对话关系。设计方案体现不出地域、场地应有的，与其他地域、场地不同的特质，而是强加上去的生硬的形式，这些作品完全是形式主义的景观垃圾。这种现象在景观设计界带有一定的普遍性，且危害很大。

现代艺术在形式上的创新精神和创新方法，对我们今天的景观设计的创新观念和处理手法仍然具有重要的启发作用。培养风景园林师的形式创新能力和加强设计原创性，避免生搬硬套、模仿照搬，对建设具有中国特色的、具有地域特色的新景观有非常重要的意义。

4.1.8 注重表现技巧，轻视观念创新

长期以来，环境景观设计注重形式与表现技巧，忽视观念创新和深度思考。一些风景园林师沉醉于平面构图的推敲和艺术造型的创造，认为这就是景观设计的全部或最重要的内容，而不注重深入地挖掘景观的内涵（它的文化、历史背景、文脉的延续、人的活动特点、心理、行为以及此场地与周围大背景的关系等），更不用说用什么富于创意的理念去整合这些深层问题，所以很难创作出有深度和能打动人心的方案。

后现代艺术在观念上的创新思想和创新思维对于景观设计具有重要的启示作用。景观创作的形式构图、空间组织、景观效果固然重要，但其创作理念、文化内涵更加重要，它是景观的灵魂。我们风景园林师也应该从动手型向学者型、理论型发展。

4.1.9 设计急功近利，缺少深入调研

由于国内城市景观建设发展迅猛，设计周期很短，设计人员经常疲于应付，景观设计经常缺少对场地环境进行前期的详细认识、调研和分析的阶段和过程，很快或直接进入设计阶段，设计急于求成，造成很多设计失误，更难以创作出优秀的、有特色的景观作品。景观的前期场地认识、调研和分析这个过程非常重要，它要求风景园林师从感性到理性，从直接认识到间接认识，对场地的形态（美学）特点、生态特点和文化特点进行深入、细致的认识和分析，找出这块场地自身的特点和性格、周围居民对它的认识和态度以及存在的各种问题，以此作为景观设计的依据和起点，创作出有该场地自身特点的景观形式，同时，协调好场地内各种景观元素之间的关系，综合解决存在的各种问题。

以上九点问题中，后五点主要和景观设计环节有直接关系。所以，当代风景园林师需要不断提高理论水平，勇于创新（形式和观念），工作扎实细致，开拓自己的视野，做有思想、有智慧、有责任心、有创新能力的新型景观设计人才。

4.2 当代中国艺术与景观的双重选择与使命

1949年新中国成立至1978年改革开放前的近三十年中，由于种种原因，中外艺术交流较少，艺术创作思想受到某些禁锢，创作方法模式化、片面化，偏离了艺术发展的客观

规律，使我国的现代艺术长期处于停滞状态。

1978 年改革开放至今的近三十年中，拨乱反正，解放思想，建设社会主义市场经济，中国当代艺术迎来了百花齐放、多元发展的繁荣时期，迟到的现代艺术和后现代艺术同时发展。中国城市景观在起步晚、发展迅猛的情况下，如何借鉴现代艺术和后现代艺术的创新理念和创新方法，确定自身的发展方向，需要进行深入的分析和思考。

4.2.1 我国现代艺术的停滞状态及对当代景观设计的影响

1949 年前，现代艺术已经被引入中国，以林风眠为代表的一些画家吸收了西方现代艺术的观念和造型手法，已进行了一些探索性的创新活动，但还不是主流，当时的主流艺术是以徐悲鸿为代表的借鉴西方古典艺术的写实主义。当时的中国主流艺术选择了写实主义主要是因为中国社会正处于争取民族解放的政治斗争中，需要一种最直观、最通俗的视觉方式来体现艺术家的社会责任感和爱国热情。

4.2.1.1 现代艺术的停滞状态

1949 年新中国成立以后，西方现代艺术因被定性为"资产阶级腐朽没落的东西"而被基本否定。这一时期的艺术创作形式基本都是写实的，而且都带有明显的政治化、模式化的特色，在艺术创作思想、表现内容、创作手法上都不具有现代性，尤其不具有现代艺术"自由创造"的最根本特征。

4.2.1.2 现代艺术停滞对当代景观设计的影响

新中国成立后的现代艺术的停滞状态，对我国当代景观、建筑以及其他艺术设计领域的创新活动具有很大影响，这些领域普遍存在模仿、照搬国外已有形式和样式，缺少原创性和设计语汇的问题。另外，在城市景观建设中，从相关领导、广大市民到部分设计人员，普遍存在着偏爱写实形象的问题，造成了很多景观设计形式落后、直白甚至低俗，与现代化、国际化城市形象格格不入。其主要原因是我们缺少了现代艺术这一课。

艺术与景观的互动关系是紧密的。现代艺术为现代景观设计提供了丰富的创新思路和创作灵感，在审美观念和设计手法上都具有非常大的影响。风景园林师应该补上这一课，当然，提高全民的艺术修养更加重要，因为景观必定是为大众服务的。

4.2.2 我国现代艺术与后现代艺术同时化

随着我国改革开放的日益深入，思想的不断解放，自 20 世纪 80 年代初开始，西方现代艺术、后现代艺术逐渐涌入。

1985～1990 年，这一后来被称为"85 新潮"的时期标志着中国当代艺术的诞生和文化转型的开始，是中国艺术史上的一次创作高潮和重要转折点，一批具有世界影响力的作品和艺术家纷纷涌现，从此影响和改变了中国艺术的走向、格局及其与世界艺术的关系。

当代中国艺术处于一个多元化的、现代艺术与后现代艺术共存共发展的阶段，也就是现代艺术与后现代艺术同时化。我们在不到 30 年内走过了西方国家一个世纪所走过的从现代艺术到后现代艺术的路，这是历史赋予我们的重任。但是，无论是现代艺术，还是后现代艺术，在中国的探索和发展必须和国情及文化背景相结合，要探索一条有中国特色的艺术发展和创新之路。

4.2.3　当代中国景观的双重选择与使命

改革开放三十多年，我国的经济快速发展，在综合国力和人民生活水平大幅度提高和改善的同时，所积累的环境问题也日益严重和突出。不能因为环境问题而放慢发展的速度，这会带来更为严重的社会问题，发展中的问题只能在发展中解决，同时更要积极探索可持续发展的新途径。事实上，这两者之间的关系在我国现阶段还不能完全协调一致。现实决定了当代风景园林师在现阶段既要面临对被破坏的环境进行抢救性综合治理的问题，同时又要投身到长远的社会、经济和环境可持续良性循环的发展探索中。

由于现代艺术与后现代艺术在我国当代同时存在、发展，而我国现代景观起步是在20世纪90年代，景观的现代和后现代更是同时起步，同时发展。景观领域面临着很多的理论性问题需要梳理和探索，设计实践中又有更多的创新和技术性的问题需要解决。我国当代景观应全方位开放国外理论和中国传统理论，坚持多元共存，思想创新与形式创新共同促进，一手抓创作，一手搞理论，坚持思想与形式、理论与实践并重，探索有中国特色的景观理论与创作道路。景观是关于人类生存的艺术，风景园林师应以多元的视角诠释着人与自然、人与社会共同发展、进步的永恒主题，肩负起历史赋予我们的对这片土地和环境的监护责任。

4.3　当代景观审美与设计观念的启示

当代景观审美与设计观念呈现多元共存的趋势，大体可归纳为：对人类中心主义的批判，强调回归自然的自然生态审美与设计倾向；对传统风格的批判，包括转向艺术表现的艺术化审美与设计倾向、转向技术表现的技术主义审美与设计倾向和转向理性的现代主义审美与设计倾向；对国际化风格的批判，包括转向非理性的反现代主义审美与设计倾向和回归故里的新历史主义审美与设计倾向（图4-1）。

4.3.1　自然生态主义审美与设计倾向

　　幸福——那就是跟大自然在一起，看着她，跟她说话。

——托尔斯泰《俄国文学史》

　　一切事物在出自造物主之手的时候都是完美的，
　　一切事物到了人的手中的时候就变坏了。

——卢梭《爱弥儿》

4.3.1.1　自然美的审美观念——人类中心主义的批判（回归自然）

自然伟大而真实，神秘而又潜存着法则，它是我们人类及人类生活的起点，也是人类及其心灵的归宿。

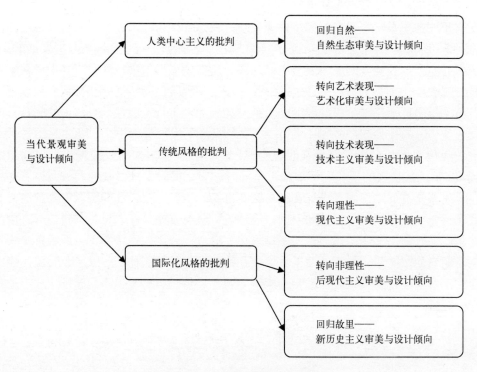

图 4-1　当代景观审美与设计倾向

1. 自然美的本质及认识的超越

所谓自然美，是指自然现象或事物所具有的审美价值，它能为人所欣赏和观照，从而使人产生相应的情感体验和审美感受。这里所说的自然事物或现象，不仅包括未经人类加工改造的天然物，如日月星辰，也包括经过人工培育或改造，但仍以自然生长过程或天然质料为特征的人工自然物，如林木花卉或湖光山色。[1]

西方美学史上有两种相反的关于自然美的美学观念，一个是认识论的，一个是价值论的。唯物主义认识论的自然美思想认为：自然美的基础在于自然自身，和人无关，自然美的本质是自然的物质属性，这属于朴素的关于自然美的本质的认知思想；审美价值论的美学思想把价值论美学具体运用于对自然美的思考，认为：离开了人、人的需要、人的欣赏，自然无所谓美丑价值。没有了人，去谈论自然之美丑，毫无意义。这种思想强调了人的愿望与需要，认为：自然美的基础是人，人的认识是自然美的本质。这种注重人的愿望与要求的人本主义思想的缺陷是夸大了人的作用，过高估计了人的力量与地位，必然会遭到自然的惩罚，生态危机就是这种警示之一。从人的本源来看，人毫无疑问是出自自然的，是

---

[1] 徐恒醇 . 生态美学 . 陕西人民教育出版社：61.

自然进化链条上的一个现象（也许还是很偶然的现象）[1]，人始终是大自然的一部分。中国古代关于自然的思想就很明确地阐明：人是自然的一部分，人不是自然的本质和基础。在"天人合一"的思想里，天始终是大于人的。

国内对自然美的争论似乎已有结论：自然美和人的社会关系相关，离开了人类的社会生活实践，自然无所谓美丑，自然美来自自然的人化或人化的自然，因为只有这样，人才能从自然对象上面看到自己的本质力量，或看到人的自有的感性显现。[2] 当前，这个结论已经受到挑战和质疑。

随着全球生存环境的不断恶化，人类中心主义的伦理观受到了批判，但在美学领域，这种高扬人的主体性的思想好像仍然根深蒂固。中国当代美学界关于美学的基本观念及其概念还受这种主体性思想的影响，已经落后于快速发展的时代，尤其体现在关于自然美的观点之中。人们应该对此进行反思：自然美是否来自自然？自然美的本质与基础是否是人类的实践活动？自然美真的从本体上依赖于人类社会实践及其发展水平吗？这个答案应该是否定的。人类目前的社会实践水平，比起 19 世纪以前来，已取得了飞跃式的进步，人已经展示了自己的力量以及对自然的征服、利用与改造的水平。人已变得"自由"了很多，人对自然的审美已面临着前所未有的危机。所有这些都说明国内美学界关于自然美的观点和思考已成为解决生态危机的一个理论障碍，并且失去了思考的活力与批判性。

自然美的基础和本质也并不在自然的表面，既不在其物理特性方面，也不在其形式方面，自然呈现出的形式美的背后有着更深层和还不为我们所知的力量与本质原因。也就是说，自然美的本质存在于自然深处远未被我们认识到的规律性和力量之中。

2. 自然的形态及审美的特性

（1）自然的形态类型

自然的形态有几种不同类型。首先是能量和力的形式，包括闪电、暴风雪和烈火等，它们具有不可抗拒的力量并给人以恐怖感；其次是大气和云层的形式，包括空气、云霓和烟雾等；其三是水和液体的形式，包括漩涡、波浪、川流、瀑布等；其四是固体和陆地的形式，包括泥土、砂石、山岩、结晶体等；其五是植物的形式，包括乔木、灌木、花卉等；其六是动物生命体的形式；最后是分解衰变和死亡，构成了自然界运动的一个环节。

（2）审美的时空特性

大自然是具有一定时空特性的物质存在，当人们处于它的怀抱之中，通过视觉、触觉、运动觉和方向感等形成一个整体的空间知觉，激发出审美意象。柳宗元在《江雪》一诗中写道："千山鸟飞绝，万径人踪灭。孤舟蓑笠翁，独钓寒江雪。"就是通过空间特性的勾画，将人带入一种空旷寂静的世界。

自然界也具有时间特性，它会随着时间的变化而变化。北宋的郭熙在《林泉高致·山水训》中对山的四季形态作了精彩的概括："春山淡冶而如笑，夏山苍翠而欲滴，秋山明净而如妆，冬山惨淡而如眠。"同样的山在不同季节会呈现不同的情调和形态。时间不仅影响到审美对象，也影响着审美主体，如唐朝刘希夷的《代悲白头翁》："年年岁岁花相似，

[1] 丁来先.自然美审美人类学研究.广西师范大学出版社：6.

[2] 丁来先.自然美审美人类学研究.广西师范大学出版社：19.

岁岁年年人不同。"随着时间的流逝，人的年龄和阅历的增长，对于花的感受也会改变。[1]

（3）审美的视角和运动状态特性

对自然美的观照随着观察视角和运动状态的变化而变化。苏轼的《题林西壁》："横看成岭侧成峰，远近高低各不同，不识庐山真面目，只缘身在此山中。"由于视点的转移而显现出的不同形态和层次的景观特点。

李白在《黄鹤楼送孟浩然之广陵》中写道："孤帆远影碧空尽，惟见长江天际流。"帆影的运动将人的视线引向更广阔的空间。

（4）审美的观赏距离的特性

自然美在人的视野中随着观赏距离的变化呈现时而清晰、时而朦胧、时隐时现的变化状态。距离感在对自然美的观照中具有特殊的重要性。距离可以增加美感。朱光潜先生曾写道："我的寓所后面有一条小路通莱茵河。我在晚间常到那里散步一次，走成了习惯，总是沿东岸去，过桥沿西岸回来。走东岸时我觉得西岸的景物比东岸的美，走西岸时适得其反，东岸的景物又比西岸的美。对岸的草木房屋固然比较这边的美，但是它们又不如河里的倒影。同是一棵树，看它的正身本极平凡，看它的倒影却带有几分另一世界的色彩。"[2]折射的倒影可以增加朦胧的色彩，同样，距离的拉大也可以造成朦胧的美感。

（5）审美主体的特性

对自然美的观照会因审美主体的不同或心态的迥异而产生很大的差别。从赏心悦目的"山河含笑"到令人沉重的"云愁月惨"，主要取决于审美主体的情感取向。当然，自然环境的固有特质也会形成特有的情感氛围。需要特别说明的是，前面论述的自然美的基础和本质存在于自然深处的规律性和力量之中，不同审美主体的不同审美解读，本人认为可以用解释学美学的原理来加以解释。"一本万殊"和"仁者见仁，智者见智"与我们对自然美的观照有一定的相似之处。

3. 自然景观的审美效应

大自然是人类生命的摇篮和生活的天地，它不仅孕育了人的体魄，也滋润着人的心灵，为人提供了精神的食粮。在精神生活中，自然美培养着人的情操，调剂着人的心情，丰富着人的感受力和创造力。中国画论的所谓"外师造化，中得心源"便是强调师法自然界，说明大自然对艺术创作具有启发和诱导作用。

"审美带有令人解放的性质"，这一点对于自然美格外贴切。大自然那种无拘无束、自由自在的状态，首先使人摆脱了各种思想的负担和困扰，使人得到自由和解放的感觉。

对大自然的空间感受可以转化为一种心理的境界感，面对开阔的原野、浩瀚的大海或者登高远眺，都会使人心胸开朗。

进入茂密的丛林，徜徉在花簇似锦的绿地，可以消除人的疲劳，获得轻松的愉悦感受。特别是当人摆脱了一天的忙碌、烦恼和疲惫，投入大自然时，会感到格外的心旷神怡，宠辱皆忘。在日常生活中，几盆花草、一片绿地也会使人脱离枯燥乏味而增添几分生活乐趣。

自然界的美景以它的和谐及静穆给人一种安详感，使人排解忧患的思绪，产生心理的

---

[1] 徐恒醇. 生态美学. 陕西人民教育出版社：63.

[2] 朱光潜. 谈美. 安徽教育出版社，1997：23.

净化。高山流水，大漠云天，花开花落，月亏月盈，自然界以它生生不息、周而复始的运动节律使人安之若素。

人类是在大自然的怀抱中成长起来的，与自然界的亲和力是人天生的本性。这就使得对自然美的追求成为了人类难以割舍的一种情结。

4.3.1.2 生态美的审美观念——人类中心主义的批判（回归自然）

上帝创造了乡村，人创造了城市。[1]

城市有的是一张脸，乡村有的却是灵魂。[2]

1. 生态美学的审美观念的超越

生态美学的视角是一种超越的视角，是一种否定的视角，也是一种批判的视角：对现代过度技术化，对种种科学主义的超越与否定，同时也是对技术文明的批判。科学主义与技术文明对自然构成了伤害。这种伤害不仅是外在的对自然环境的破坏，而且还有内在的，伤害了我们的热爱自然的内心，伤害了我们置身于其中的生活感觉。过多的技术的使用使我们人类失去了真正的意义世界，使我们迷失了生活的方向，使我们的情感变得越来越贫乏。[3] 生态美学从一个侧面看有一种拯救的意味，拯救我们人类对自然的忽视和麻木的态度。生态美学强调自然本身的价值，强调人与自然的精神和情感的交流与沟通，意味着更注重研究自然本身给我们的直接启示，而不是凭借人类的智力与理性知识来研究分析自然之美，要从自然美本身之中寻找生态美学的灵感。生态美学的视角在某种意义上看是对人类自身行为的批判与否定，是人类自身的勇气与精神的体现，是人类智慧的一种觉醒。

2. 生态美学的生态学图景

生态美不同于自然美，自然美只是自然界自身具有的审美价值，而生态美是人与自然生态关系和谐的产物。我们把生态学理解为关于有机体与周围环境关系的全部科学，进一步可以把全部生存条件考虑在内。生态学是作为研究生物及其环境关系的学科而出现的。随着这一学科的发展，现代生态学逐步把人放在了研究的中心位置，人与自然的关系成为了生态学关注的核心。也就是说，大自然是人类生存的家园。

现代生态学的研究为我们指出，自然界是有机联系的整体，人的生存离不开大自然。人对自然环境的依存是人类生存和发展的基础和前提。在地球上，几乎没有一种生物是可以不依赖于其他生物而独立生存的，因此许多种生物往往共同生活在一起。由一定种类的生物种群所组成的生态功能单位称为群落（community）。在这一集合体中包括了植物、动物和微生物等各种种群，它们是生态系统中生物成分的总和。生态系统便是在一定时间和空间范围内，由生物群落及其环境组成的一个整体。这一整体具有一定的范围和结构，各成员间借助能量流动、物质循环和信息传递而相互联系、相互影响和相互依存，由此而形成具有组织和自调节功能的复合体。

人类作为生物圈的一员，生活在地球这一生态系统之中。阳光、大气、水体、土壤和各种无机物质等非生物环境作为生物生活的场所和物质成分，构成了生命的支持系统。绿色植物等自养生物通过光合作用可以制造有机物，成为生物圈中的生产者。各种动物以至

---

[1] 让·德·维莱.世界著名思想家辞典.重庆出版社：108.

[2] 让·德·维莱.世界著名思想家辞典.重庆出版社：235.

[3] 丁来先.自然美审美人类学研究.广西师范大学出版社：284.

人类都不能直接利用太阳能生产食物，而只能直接或间接地以绿色植物为食来获得能量，成为生物圈中的消费者。微生物可以将动植物的残余机体分解为无机物，使其回归到非生物环境中，以完成物质的循环过程，成为生物圈中的分解者。

生命活动是依靠能量来维持的，生态系统中生命系统与环境系统在相互作用的过程中，始终伴随着能量的运动和转化。生态系统中能量的流动是单一方向的，能量是以太阳的光能形式进入生态系统的，被绿色植物转化为化学能，并以物质的形式存贮在分子中。物质作为能量的载体，在生态系统中可以循环地流动和被利用。在生物圈内，各种生物通过食物的摄食构成物质和能量的流动和转移过程。不同的生物之间相互的取食关系构成了食物链，它是生态系统各成分之间最本质的联系。食物链把生物与非生物、生产者与消费者、消费者与消费者连成一个整体。

生态系统是开放的，它的能量和物质处于不断输入和输出之中，各个成员和因素之间维持着稳定的状态，生态系统便处于平衡中。生态平衡是生态系统长期进化所形成的一种动态关系，没有自然界相互联系的整体性，也就不会有自然的生态平衡，因此，生物物种的消失、森林和环境的破坏以及环境污染都会造成自然界生态平衡的失调和破坏。

上述生态学图景使我们认识到，人类与整个自然界具有不可分割的联系，人的生命与整个生物圈的生命是相互关联的，只有在人类与自然的共生中才有人的生态和发展的前景。人与自然的和谐是人类取得自身和谐和发展的前提。生物多样性和文化多样性正是保持人与自然和谐共生的重要条件。

3. 生态美学的描述语言

自然美、生态美的精髓是不可能用科学的概念语言来准确说明的，应该使用自己的描述语言。人们对大自然充满了感情，尤其是对未经人类改造过的自然，更是充满了原初的好感，对我们生活中的自然元素充满了依恋。生态描述就是试图通过对自然元素的强调，唤起人们对这些元素的珍爱。

(1) 对自然的敬畏感的描述

自然是神圣的、神秘的，自然的整体之中包含着更深的意味。这是恢复自然魅力的一个前提，没有对自然的敬畏就没有对自然的真正的爱。

(2) 对自然的眷恋感的描述

当代生活中的人们与自然日益疏离。如何让人更为接近自然、陪伴自然、眷恋自然，是生态美学追求的目标之一。人们只有对自然有了眷恋，才会对它有深情。

(3) 对自然的宁静感的描述

人只有在宁静中才能真正地靠近自然，才能真正地靠近自然的中心。同时，大自然中的无声的沉默之处才真正充满了动人的美，它对人的精神与灵魂的启发比大自然表面的有声的地方更大。人的精神与灵魂处在宁静之中时，也更能全面而深刻地领会自然的宁静的气息，领会自然的奥秘。

生态美学就应该这样描述人和自然的关系和情感。

4. 生态审美的特性及效应

生态美反映了人与自然界，即人的内心自然与外面自然的和谐统一关系。作为一种人生境界，生态美总是在一定的时空条件下形成的，并且是审美主体与审美对象相互作用的结果。从空间关系上看，生态环境作为审美对象可以给人一种由生态平衡产生的秩序感、一种生命和谐的意境和生机盎然的环境氛围。

大自然本身就是富有秩序的，它展现了某种规律性、简单性特征。"从运行的星体到大海的浪花，从奇妙的结晶到自然界中更高级的创造物——有丰富秩序的花朵、贝壳和羽毛。"人对周围环境的感知，首先是从秩序关系入手的，然后才产生出对意义的领悟。秩序感使人的生活有序化。建立在生态平衡基础上的生态环境会以其自身的生态秩序给人美的感觉。人生活在经济—社会—自然的复合生态系统之中，系统的和谐体现了生物多样性以及文化多样性的多样统一关系，其中人与自然的关系构成了整个系统的基础。

生态美的研究，首先把主客体有机统一的观念带入了美学理论中，为现代美学理论的变革提供了启示。

现代生态观念把主体与环境客体的概念纳入了生态系统的有机整体中，主体的生命与客体生物圈的生命存在是共生和相互交融的，人与生态环境之间的协同关系是生态美的根源和基础，离开了这种相互之间的和谐共生，生态美也就不存在了。

生态美学克服了主客二分的思维模式，肯定了主体与环境客体不可分割的联系，从而建立了人与环境的整体观。这种整体观不是一种外在的统一性，而是内在于人与环境的生命关联。生命体的存在是相互交融的。

这就是说，不仅要促进生态工业和生态农业技术的发展，减少污染保护生态环境，以确保生物多样性和生态景观的多样性，而且还创造人工环境和自然生态相互结合的生存空间，以利于人的生存和发展。从这种意义上讲，生态美学既是对人的现实关注，也是对人的终极关怀。它为人的全面发展探索前进的航道。

从生态系统相互作用、相互依存的关系的角度出发，人类对生态系统的影响往往会造成一定程度的简单化，就是将生态系统从一种多样化的状态转变为复杂程度较低的状态。

迄今为止，人类所经历的农业文明和工业文明，在一定程度上都是以牺牲自然环境为代价去换取经济和社会的发展。要想让人类长久地生存和发展下去，就要尊重自然，与自然和谐相处，这既是人类行为的准则，也是美的规律。当代人类生态意识的觉醒和生态文明的建设，与环境科学技术、生态文化观念和生态审美观念的发展是分不开的。环境科学技术为解决人类生态问题提供了认识工具和实践手段，而人的生态观和审美价值观却主导和制约着环境科学技术的社会应用。生态审美不同于自然审美，它把审美的目光始终凝聚在人与自然和谐共生的相互关系上，这种生态关联的生命共感才是生态美的真正内涵。生态审美与技术审美的区别也是明显的，技术强调的是人对自然的人为变革，技术审美是以人工物的功能性和规律性为观照点，它往往表现了对自然的强迫性和模仿性。生态审美的研究为克服技术的生态负面效应提供了可能的途径，同时也推动了传统景观审美由空间形式美向生态和谐美的转变。传统景观审美讲究的是功能与形式的统一，注重体量、色彩、质感等视觉要素给人的心理感受，是一种外在的审美标准。生态审美在注重景观外在美的同时，更加注重景观的内涵。其特征有三：第一是生命美，作为生态系统的一分子，景观要对生态环境的循环过程起促进而非破坏作用；第二是和谐美，人工与自然互惠共生，浑然一体，在这里，和谐已不仅指视觉上的融洽，还包括物尽其用，地尽其力，可持续发展；第三是健康美，景观服务于人，在实现与自然环境和谐共生的前提下，环境景观应当满足人类生理和心理的需求。可以说，生态审美是对传统审美的一种升华和扬弃，标志着人类对美的追求在一种高层次的回归。

5. 生态美学的目标

生态美学的主要任务和目标并不是为了帮助人们改造世界，也不是要直接帮助人们改造环境，这不是生态美学的主要职责。生态美学的主要任务是帮助人们改造其精神和灵魂世界，使之更加适宜自然，使之更加有助于人与自然之间的和谐共处。

4.3.1.3 当代景观的自然生态化设计倾向——回归自然

广义地说，所有的景观设计都必须建立在尊敬自然的基础之上，都应是自然生态化的设计。

景观的自然生态化设计，一方面要保护自然、结合自然，另一方面，要运用生态学的原理，研究自然的规律和特征，创造人类生存的环境。但具体设计师们的表现方式是各不相同的。

1. 保护自然景观元素

城市景观是最脆弱的景观生态系统，城市景观是以人工景观元素为主的，自然景观元素很少，所以城市自然景观元素，尤其是原生态的景观元素是最弥足珍贵的。在城市景观建设中，如何特别保护好这稀有的景观资源是非常重要的。国外景观设计师的很多做法值得我们学习。如在欧洲一些城市，绿化、水体等很多区域都保留着它们原生态的群落和自然状态，人工的景观（包括人工草坪、道路、铺装、护坡等）并未大量取而代之，它们和谐地共存着，体现着大自然的魅力。

2. 再现大自然的精神

当前，"城市回归自然"成为很多风景园林师的追求，他们将大自然的景观元素重新引入城市，进行了大量的探索和尝试。哥本哈根的夏洛特花园采用了各种粗放管理的野草作为主要景观元素。住宅小区花园的景观形态主要取决于各种草本植物造景的效果及其生长变化。

大自然是海尔普林的许多作品的重要灵感之源。他以一种艺术抽象的手段再现了自然的精神，而不是简单地移植或模仿。他与达纳吉娃设计的波特兰市伊拉·凯勒水景广场，尝试将抽象了的山体环境"搬"到城市环境之中，从高处的涓涓细流到湍急的水流、从层层跌落的跌水直到轰鸣倾泻的瀑布，整个过程被浓缩于咫尺之中。俞孔坚在沈阳建筑大学新校园景观设计中，将农业景观引入大学校园，使之成为了农业在中国社会历史上和现今的地位的象征和提示。稻田景观在此不仅仅是场地文脉的象征，也是一块能够为校园提供粮食的具有实用价值的土地。

3. 生态化设计

更多的风景园林师在设计中遵循生态设计的原则，进行了大量生态化的设计实践（具体论述见本章技术主义审美与设计倾向部分）。

4.3.2 艺术化审美与设计倾向

本论文前三章内容主要是论述了景观的艺术化审美与设计倾向，一方面是为了创造艺术化生存景观环境的需要，另一方面，也是对传统景观风格的批判。景观是人类生存的艺术，景观的艺术属性与其他属性有着千丝万缕的联系。

4.3.3 技术主义审美与设计倾向

技术已成为现代人的历史命运。

——海德格尔

随着现代材料技术、加工技术、环境科学技术的迅猛发展以及现代美学、现代艺术和现代建筑理论、观念的影响，现代景观的审美观念、设计理念和景观形式发生了转型和变化，景观创作的技术主义倾向日益突出。

4.3.3.1 现代景观的技术化审美与设计趋势

技术是人类文明的经验和实践经验的积累，它在被物质化的同时，也在被精神化和审美化。"当技术完成其使命时，就升华为艺术。"密斯这句名言是指建筑技术的逻辑性、合理性内容作为独立体系可以直接参与审美，同理，它也适用于景观。传统景观的亭、台、楼、榭、廊、桥等运用砖、石、木等传统材料和传统技术建造，其构成体系体现了传统景观技术的本体美。现代景观运用不同于传统景观的塑料、金属、玻璃、合成纤维等新材料和新技术建造，体现了现代景观技术的本体美。在科学技术高度发达的当代，第一代机械美学已经为第二代机械美学所代替，受技术审美思维的影响，景观艺术形态学也随之改变，传统的景观形态已经为现代的景观形态所代替。特别是高技派，更是将技术的进步性、材料的先进性和功能的合理性作为他们设计的终极目标，甚至走向了极致。高技派不仅重视技术，同时也非常重视艺术效果，他们强调和运用材料工艺学、产品语言学和工业造型学等多种语汇，表现结构的美、构造的美、材料的美、色彩的美、工艺的美，高技派在机械美学时代占有重要的位置。技术对现代景观设计的影响贯彻到了设计活动的每个环节。

1. 景观作品的技术化

现代风景园林师对传统景观观念进行了变革，他们在景观设计中大胆运用金属、玻璃、橡胶、塑料、纤维织物、涂料等新材料和灌溉喷洒、夜景照明、材料加工、植物栽培等新技术和新方法，极大地拓展和丰富了环境景观的概念和表现方法（表4-1、表4-2），特别是使用多种媒介体以及带有实验性性质的探索，使现代景观作品的面貌一新。玻璃与透明塑料不仅有独特的物理性

主要景观材料对照表	表4-1
传统景观材料	新型景观材料
木材	金属（不锈钢、铝板、钢板）
砂、石	塑料
砖	橡胶
瓦	玻璃（透光玻璃、半透光玻璃、反光玻璃、彩色玻璃）
	玻璃钢
	合成纤维织物
	有机玻璃
	涂料
	钢筋混凝土
	广场砖、瓷砖
	替代性栽培基
	人造石材

主要景观技术对照表　　　表4-2

传统景观技术	新型景观技术
传统灌溉技术	新型灌溉技术
传统建造技术	新型建造技术
传统材料加工技术	新型材料加工技术
传统植物栽培技术	新型植物栽培技术
	夜景照明技术
	生态技术
	水处理技术、中水技术
	太阳能等可再生能源利用技术
	自动化控制技术
	信息化、智能化技术
	材料再生利用技术
	音像技术
	温控、湿控技术
	航空航天遥感技术

能，还能创造新奇的视觉景象，不是出于巧合，而是由于技术上提供的可能，在景观、建筑、服装、平面设计等各个领域，都出现了一种走向透明的趋势，似乎可以被认为是社会走向非物质的一种象征，也隐喻着：科学与技术面前，世界是透明的、可操控的、被解魅的。丹·皮尔逊设计的屋顶花园，透明半球形屋顶灯散布在植物中，反射出天空与周围环境的影响，产生一种科幻般的形象。在这里，新材料、新造型与自然景观进行了对话，新的金属材料与幕墙技术在景观中的应用日益流行，天空的颜色和光洁的金属表面融合交汇，精美的细部节点处理，使之成为了"高技派时代"的新审美趣味———一种技术美感的标志和符号。[1] 伦敦海德公园 Serpentine Gallery 美术馆前的空地上的构筑物，其独特的造型、光洁的表面、精美的结构与细部，与其说它是景观建筑，不如说它是一个现代雕塑，鹤立鸡群般独立于环境之中，令人惊讶新奇。合成纤维、橡胶等软质材料构成的软质景观形态流畅柔和，富于有机物的生命感的外观还打碎了古典的美学和伦理框架。新材料不仅能以其自身的特性和外观使人们认同它们的美感，而且经常仿制传统材料，并能完美地欺骗人的感觉，甚至做到努力辨认也难分真假。人们不仅没有受骗上当的感觉，反而会赞叹技术的高明，并把仿制材料当作真实材料加以接受。由于这些仿制材料已司空见惯，关于材料真实性的伦理学争论也就渐渐地被人们淡忘了。

现代景观需要多方面的技术给予支持，正日益变得复杂化、多学科化。技术一方面使景观的各种功能更易于实现，使景观设计有了更大的自由，能够作为符号传达功能之外的更多情感的个性信息，这正是那些追求高技术情感倾向的风景园林师们孜孜以求的；同时，技术也为现代景观设计提供了更多观念上的影响和启发。美国景观建筑师、艺术家玛莎·施瓦茨将灌溉喷洒系统变成了一个个动态雕塑，它们像果树林，规整地排列，高高的"树干"颠倒地装着喷嘴，与附近的棕榈树遥相呼应，构成了与众不同的水景环境。玛莎·舒瓦茨是当今景观设计界另一位颇有争议的人物，她的面包圈园、轮胎糖果园都是对传统景观形式与材料的嘲讽与背弃（图 4-2 ~ 图 4-5）。她设计的拼合园是从基因重组中得到启发的，认为不同的园林原型可以像基因重组创造出新物质一样，拼合出新型的园林景观。按此构思，体现自然永恒美的日本园林与展现人工几何美的法国园林被基因重组为全新的拼合园，

---

[1]　（英）保罗·库珀．新技术庭园．百通集团贵州科技出版社：56 ~ 57.

造园的主要材料是塑料和砂子，所有植物都是塑料制品，并且被涂成了浓绿色，连枯山水砂子也被涂成了绿色。园林虽经拼合而成，但已然脱胎换骨和变异，它同时也暗示了基因技术很有风险，有可能失控，造成我们人类无法预料的后果。大范围、大尺度的景观设计——景观的区域规划是景观高科技应用的前沿[1]。运用航空、航天遥感图像处理技术集取现状资料及其变化，既节时又省力。对于一项景观规划来说，基础信息资料的集取准确、全面意味着成功了一半。遥感技术广泛应用于景观的区域规划领域。

图 4-2 加州科莫思的城堡

图 4-3 面包圈花园

图 4-4 拼合园（一）

图 4-5 拼合园（二）

---

[1] 王向荣、林箐．西方现代景观设计的理论与实践．中国建筑工业出版社：242～243．

新材料和新技术（包括高技术）带给我们的不仅是崭新的、动感的视觉形象和审美体验，同时也能带来实际的利益。用多彩人造草坪取代草，计算机控制水系统，不仅能创造动人的景观效果，而且几乎不需要园丁的辛苦劳作。一些轻质材料和产品方便搬移、易于清洗，非常适合临时的和经常需要变化的景观。新材料和新技术的许多审美上的和实际上的优点使之成为现代景观的重要组成部分。

2. 景观设计方法的技术化

在景观工程实施之前，风景园林师要负责对整个技术过程和结果的设计和控制，因而，设计活动具有十分重要的作用，这种活动所依赖的方法直接影响工程实施的各阶段直至最后结果。所以，设计方法论是技术活动中不可缺少的一个环节，它关系到景观工程的成败。

技术不仅仅是达到目的的手段，在科学与理性的时代，方法也是一种标志，它表明了人类对科学与理性的依赖。理性主义者认为，正确的方法必然导致正确的结论，这一过程是一个严密而精确的逻辑过程。理性的设计方法论带有明显的技术化特征。现代景观设计需要给予正确的科学知识、严格的程序和技术支持、各技术领域的交流与合作，现代大型景观设计不可能只是某个人的智慧和劳动的结果，需要各方面专业设计人员互相配合、科学组织，需要计划性和条理性。所以，现代景观设计不仅要考虑新材料、新技术，也要确定科学的、适宜的设计方法和程序。任何设计方法，无论是理性的还是非理性的，都要解决存在于逻辑分析与创造性的想象之间的矛盾，都要考虑技术、艺术、功能等诸多因素的影响，只是具体处理问题的方法和着重点不同而已。景观设计中的技术化方法，即把问题分解成要素的形式，作为基本的构件，再把这种构件按一定的方式组合，形成一个完整的方案。如果景观设计单纯依赖这种方法，很容易导致僵化，而自由的、独创性的、直观感性的方法能有效地防止这种僵化。景观设计方法的技术化最直接的表现是对模式的应用。一个被广泛应用的方式是从初始的模式入手，针对具体的景观项目或者地形要求加以变换，由原型或模式派生出各种景观作品，感性的、随机的灵感从起点开始就要受到模式的制约。笔者发表在《城市环境艺术》第2期上的"大型主题旅游景区规划设计理念图解"讲的就是大型主题旅游景区规划设计的方法模式。这种方法，在建筑界以C·亚历山大(Christopher Alexander) 的模式语言最具典型性。

理性主义的、系统化的景观设计方法是不能代替知觉的。如果没有灵感、直觉和激情，风景园林师的工作就可以被计算机取代，按照理想的程序去完成。事实上，即使是那些理性主义的倡导者，在设计实践中也不可能离开直觉和灵感，完全靠机械的操作去完成设计这一富于创造性的工作。这也正是非理性主义设计倾向日趋活跃的主要原因，但非理性的设计方法论及其技术含量并没有因此而减少。

3. 景观设计工具的技术化

随着电脑在设计领域的普及，风景园林师的设计室越来越自动化，越来越离不开电脑程序，工具的更新也带来了工作方式的更新，从而必然导致新型的景观设计作品出现。风景园林师的工作界面不再是纸张和图板，而更多的是显示电子幻像的电脑显示器，数字化实实在在地显示了威力，计算机辅助设计成了主流的设计方式。设计师对电脑制图技术的掌握成了一种基本功，技术与艺术之争这一老课题又以新的形式出现。由于操作方式程序化，要想获得某种构思的直观效果，就需要通过一系列的计算机命令，这种方式很容易使人的直观感受受到遏制，使设计沦为一种"技术活儿"，而电脑制图的一系列好处，比如：所见即所得、方便地撤销命令、迅速地复制、通过网络合作以提高效率、模拟现实的强大能力等，又使得风景园林师乐于使用这些技术。另外，新工具也带来了许多新的表现手段，如景观的计算机三维表现图和三维动画等。计算机的使用大大提高了景观设计的劳动生产能力，从某种角度来说，也改变了景观的面貌。

4.3.3.2 现代景观的生态化审美与设计趋势

迄今人类所经历的农业文明和工业文明，在一定程度上都是以牺牲自然环境为代价，去换取经济和社会的发展。要想让人类长久地生存和发展下去，就要尊重自然，与自然和谐相处，这既是人类行为的准则，也是美的规律。当代人类生态意识的觉醒和生态文明的建设，与环境科学技术、生态文化观念和生态审美观念的发展是分不开的。环境科学技术为解决人类生态问题提供了认识工具和实践手段，而人的生态观和审美价值观却主导和制约着环境科学技术的社会应用。生态审美不同于自然审美，它把审美的目光始终凝聚在人与自然和谐共生的相互关系上，这种生命关联的生命共感才是生态美的真正内涵。生态审美与技术审美的区别也是明显的，技术强调的是人对自然的人为变革，技术审美是以人工物的功能性和规律性为观照点，它往往表现了对自然的强迫性和模仿性。生态审美的研究为克服技术的生态负面效应提供了可能的途径，同时也推动了传统景观审美由空间形式美向生态和谐美的转变。传统景观审美讲究的是功能与形式的统一，注重体量、色彩、质感等视觉要素给人的心理感受，是一种外在的审美标准。生态审美在注重景观外在美的同时，更加注重景观的内涵，其特征有三：第一是生命美，作为生态系统的一分子，景观要对生态环境的循环过程起促进而非破坏作用；第二是和谐美，人工与自然互惠共生，浑然一体，在这里，和谐已不仅指视觉上的融洽，还包括物尽其用，地尽其力，可持续发展；第三是健康美，景观服务于人，在实现与自然环境和谐共生的前提下，环境景观应当满足人类生理和心理的需求。可以说，生态审美是对传统审美的一种升华和扬弃，标志着人类对美的追求在一种高层次上的回归。

麦克哈格在《设计结合自然》中有两个贯穿始终的信念，其一是整体的概念：人、生物、环境互相依存，互相服务，任意一个局部的毁坏最终会影响整个机体的健康；其二是发展的观点：事物是发展的，我们一直是由简单到复杂的，越来越复合化、秩序化和生命化。他认为万物皆有其职，云赐雨水给大地，海洋抚育生命，植物给我们提供氧气，而人类则是地球上的酵母菌，有责任和义务在向高级发展的过程中，通过设计和组织，因势利导，查漏补缺，起催化作用。麦克哈格的视线跨越整个原野，他的注意力集中在大尺度景观规划上。他将整合的景观作为一个生态系统，在这个系统中，地理学、地形学、地下水层、土地利用、气候、植物、野生动物都是重要的要素。他运用了地图叠加的技术，把对各个要素的单独的分析综合成整个景观规划的依据。麦克哈格的理论将景观规划设计提高到了一个科学的高度。1991年在美国亚利桑那州沙漠中建造的庞大的人工生态系统"生物圈Ⅱ号"，在试验7年后因二氧化碳过量而使系统失去平衡，试验宣告失败，这说明生物圈是一个极其复杂的系统，今天的科学技术水平还不足以掌握和控制它。此试验虽然失败了，其意义却是深远的，预示着人类生态时代将要到来。景观的生态时代背后有着可供依赖的物质和精神基础，而发生在材料和技术领域中的变革恰恰是景观走上可持续发展之路的物质原动力。景观设计观念也必然由传统模式向生态模式转变。

生态化倾向也是高技派最重要的分支，它顺应时代发展的要求，将生态目标体系和高技术策略有机结合，为人类创造诗意的栖居环境开辟了新的思路和途径。生态化的技术路线和设计方法可以归纳为 5 个主要方面：与自然环境共生；应用减少环境负荷的节能技术；应用可循环再生技术；创造舒适健康的环境；融入历史与地域的人文环境中（表 4-3）。具体到每个设计，可能只体现了一个或几个方面，通常只要一个设计或多或少地应用了这些方法和原则，就可以被称作"生态设计"。成都府南河"活水公园"（图 4-6）是一个典型的人工湿地生态公园，也是一个进行环保教育的科学公园，该园设计获得了国际优秀河岸设计奖、地域环境设计奖。"活水公园"占地 24 公顷，地形狭长，平面布局呈鱼形，寓鱼水难分之意。公园地面为人工湿地污水处理系统，经大型水车取自府南河的水依次流经厌氧沉淀池、水池、雕塑池、兼氧池、植物塘、植物床对水进行净化，再流到鱼池和戏水池，向人们演示污水由"浊"变"清"的过程。公园景观以生态环保为主题，将生态环境建设与景观生态美学融为一体。水地喷泉、水流雕塑和仿黄龙寺五彩池的水景，栽植于高地、河边、池塘内的各种植物，模仿着不同生态环境。全园共栽植陆生植物 145 种，水生

现代景观的生态化设计方法表 表4-3

		景观设计的生态化设计方法
与自然 环境共 生	保护自然	·对人工景观环境废弃物进行无害化处理 ·结合自然、气候等条件，运用传统的、适宜的环境技术 ·保护昆虫、小动物的生长繁育环境，确保生物群落的多样性构成，保护原有树木花草及原生 　自然生态环境，确保植物群落的多样化构成 ·保护原有水系及自然堤岸状态，使用透水性铺装，以保持地下水资源平衡
	利用自然	·设置水循环利用系统和中水系统 ·引入水池、喷水等亲水设施降低环境温度，调节小气候 ·充分考虑绿化配置，软化人工环境景观 ·太阳能利用，风能利用，雨水收集利用，河水、海水利用
	防御自然	·景观设施防震、抗震措施 ·景观环境与景观设施防空气、土壤盐害措施 ·高安全性防火系统 ·景观环境及设施的防污染、防噪声、防台风措施
节能降 耗无污 染	降低能耗	·节水系统 ·节能系统 ·适当的水压、水温 ·对二次能源的利用
	延长寿命	·使用耐久性强的景观材料 ·规划设计留有发展余地 ·矿区、厂房等工业废弃地的再生利用 ·便于对景观设施的保养、修缮、更新的设计
	循环再生	·对自然材料的使用强度以不破坏其自然再生系统为前提 ·使用易于分别回收再利用的材料 ·使用地方自然材料与当地产品 ·提倡使用经无害化加工处理的再生材料

续表

		景观设计的生态化设计方法
舒适健康的环境	健康的环境	·符合人们心理和生理需求的环境设计 ·安全的、卫生的、利于健康的环境 ·优良的空气质量 ·无污染、无风沙
	舒适的环境	·良好的环境温湿度控制 ·舒适的夜间照明设计 ·合理的景观轴和视轴设计 ·无噪声、无异味
融入历史与地域的人文环境	继承历史	·保护古典园林、古建筑等景观设施及环境 ·保护城市历史风貌景观 ·对传统建筑及其环境的保存和再生利用 ·继承地方传统的施工技术和生产技术
	融入城市	·景观设计融入城市总体环境中 ·继续保护城市与地域的景观特色，并创造积极的城市新景观 ·对城市土地、能源、交通的适度使用 ·保持景观资源的共享化
	活化地域	·保持居民原有的生活方式和习俗 ·城市景观更新保留居民对原有地域的认知特点 ·创造城市积极的交往空间 ·居民参与城市景观设计

图 4-6 活水公园

及湿地植物 29 种。鱼类包括草鱼、鲢鱼、鲫鱼、锦鲤等 7 种，5 万余尾，体现了生物的多样性构成。园路有的是自然石板小径，有的是架于湿地之上的木板栈道。处理后的净水流入开阔平坦的园地，清莹的溪流、观鱼池、儿童戏水池、露天演出场等布置在天然图画般的草坪、树丛之中，让游人在这里感受到回归自然、享受自然，同时，在游玩的过程中学到环境治理的知识，增强环境保护的意识。德国慕尼黑工大教授、景观设计师彼得·拉茨设计的杜伊斯堡风景公园坐落于具有百年历史的 A. G. Tyssen 钢铁厂旧址，他用生态的可持续观念和手法处理这片工业废弃地。工厂中的构筑物都予以保留，部分构筑物被赋予了新的使用功能。高炉等工业设施供游人攀登、眺望，废弃的高架铁路可改造成公园中的游览步道，并被处理成为大地艺术的作品，工厂中的一些铁架可成为攀援植物的支架，高高的墙体可作为攀岩训练场。公园的处理方法不是努力掩饰这些破碎的景观和历史，而是寻求对这些旧有的景观结构和要素的重构、再生与重新诠释。建筑及工程构筑物都作为工业时代的纪念物保留下来，如风景园中的景点供人们欣赏和感受历史（图 4-7 ～图 4-10）。

图 4-7 杜伊斯堡风景公园(一)

图 4-8 杜伊斯堡风景公园（二）

图 4-9 杜伊斯堡风景公园（三）

图 4-10 杜伊斯堡风景公园（四）

　　红砖磨碎作为红色混凝土的部分材料，厂区堆积的焦炭、矿渣可成为一些植物生长的介质或地面面层的材料，大型铁板可成为广场的铺装材料。水可以循环利用，污水被处理，雨水被收集。工厂的历史信息被最大限度地保留，"废料"被塑造成公园的景观，造园最大限度地减少了对新材料的要求和对生产材料所需能源的索取。此外，萨尔布吕肯市的港口岛公园（图4-11）、西雅图煤气厂公园（图4-12）等都是用生态的思想，对工业废弃区和废弃材料进行再利用的优秀作品。

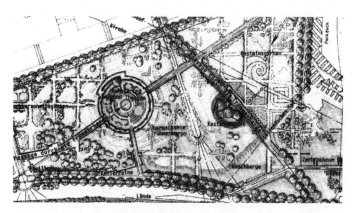

图 4-11　港口岛公园平面图

图 4-12　西雅图煤气厂公园

4.3.3.3　现代景观的信息化、智能化审美与设计趋势

　　信息化、智能化技术以其特有的数字化手段使技术美学进入了一个全新的、革命性的阶段。如果说高技派主要扩展了空间结构和工艺制造的最大可能性，并从视觉的美与功能的合理的角度展现了技术的魅力，那么，信息化、智能化环境则全方位地展现了当代科学技术的成就，服务于人类，是真正的高科技，并以一种交互式的视觉手法和虚拟的景观图式，

从根本上改变了传统景观的空间审美体验形式，并从自洽和圆满的角度体现了科学的理性美。信息、智能环境不再局限于实体的可触可摸的三维空间环境，相反已经拓展为一种广阔的虚拟空间环境。它也是一种场所和存在模式，在此，你可获得在传统景观中难以想象的感觉愉悦和精神愉悦，它不仅比传统景观更加多姿多彩，而且有着传统环境所不具有的传输功能和互动功能，这使得日常的空间审美体验退入后台，虚拟的空间美学取代了实体的视觉美学。信息化、智能化的确正在使环境景观的传统空间关系发生改变，正在使人与环境景观的关系发生改变，这是一个不容回避的事实。它将极大地影响当代的文化和美学。

20 世纪，工业化进程的加快与城市的大规模开发所带给人们的景象并非那么美妙。人类聚居地的过度膨胀和能源消耗使有限的大地系统日益受到严重的破坏和威胁。土地空间的危机似乎就此要将人类社会引入一条死胡同。此时，历史的冥冥之力再一次给我们带来了好运和转机，适逢其时出现的计算机及信息技术使人类前途再度柳暗花明。

信息化、智能化技术一方面拓展了环境的功能和人的效能，传统的静态环境变成了有"大脑"和"神经"的动态环境，环境的各种新的可能性得到最大限度的扩展；另一方面，实体的三维空间环境正在向着无限的虚拟世界拓展。智能化技术实质上是一种高新技术体制，其范围包括了计算机控制技术、通信技术、图形显示技术等内容。在可持续发展的时代呼声中，智能技术进入了节能、利废、治污等领域并取得了长足的发展，正在向生态智能化发展。信息化、智能化技术在景观设计领域的应用同时也极大地丰富了景观创作的表现手段和表现力。多媒体技术和智能终端一体化等给我们提供了一种非物态化交往模式，我们可以在信息网上建造"高速公路"和"城市景观"，以虚拟空间技术来满足和替代人们对现实生活事件的需求，从而大幅度减少实物态的道路和城市景观的建造，由此减缓土地空间的压力和对自然生态环境的侵袭、占有和破坏。电脑的空间风光无限。在这个世纪的某一天，人们也许将远离水泥的森林而真正诗意地栖息在有秋虫的原野上。在我们的现实世界的不远处将会有一个虚拟世界平行地发展着，它将极大地改变我们的生活方式，更新我们存在的概念。人们无法抗拒不受时空限制的即时性，虚拟景观和虚拟城市虽在现实中不存在，却比可见的现实更丰富多彩、新奇刺激。虚拟现实在时间轴上同时向未来和过去延伸，这意味着《清明上河图》中描述的市井风俗画可以变成人们徜徉其中的"现实"环境。当足不出户就什么都能见到的时候，亲眼看见真实的东西就是独特的充满怀旧情调的刺激，至少空气的味道是不一样的。因此，真实的大自然、自然公园和旅游景观设施等将更是人们的精神放松之所。网络正在不知不觉地以惊人的速度改变着我们的生存状态，给我们的生活带来便利，然而它对我们的生存状态及思维方式的改变却是本质的。

4.3.3.4　现代景观技术与艺术的融合趋势

未来世界是物质文明与精神文明同步发展的世界，现代景观是艺术与技术日趋融合、高度统一的产物。一方面是现代景观技术的艺术化，奥姆斯特德在哈佛大学的讲坛上讲道："'景观技术'是一种'美术'，其最重要的功能是为人类的活动环境创造'美观'……同时，还必须给予城市居民以舒适、便利和健康。在终日忙碌的城市居民生活中，缺乏自然提供的美丽景观和心情舒畅的声音，弥补这一缺陷是'景观技术'的使命。"日新月异的现代景观技术是通过艺术化的手段和方式应用到庭院、广场、城市公园、户外空间系统、自然保护区、大地景观和景观的区域规划设计中的。另一方面是现代景观艺术的技术化，随着高新技术在景观领域中的广泛应用，景观艺术中的科技含量越来越高，景观创作理念和创作手法都因之发生了很大的变化。新材料、新技术、新设备、新观念为景观创作开辟了更加广阔的天地，既满足了人们对景观提出的不断发展的日益多样的需求，而且还赋予景观以崭新的面貌，改变了人们的审美意识，开创了直接欣赏技术的新境界，并最终成为了一种具有时代特征的社会文化现象。

一些人向艺术方向发展，如布雷·马尔克斯、沃克·施瓦茨等，他们关注景观与艺术的结合，追求景观的艺术表现；另一些人则向技术方向发展，如麦克哈格等人，他们更关注景观的生态意义，新材料、新技术在景观中的应用等。然而，在实践中一些设计师却尝试将技术与艺术在景观设计中完美地结合在一起，如美国的景观设计师哈格里夫斯试图表现自然界的动态、变化、分解、侵蚀和无序的美，在景观设计中贯彻生态与艺术的思想。他在美国加州的帕罗·奥托市的一个垃圾填埋场上设计了一个特色鲜明的拜斯比公园，公园位于18米高的垃圾场上，底层垃圾坑用黏土和30厘米厚的表土覆盖，其上塑地形，为防止植物根部的生长导致黏土层破坏而使有害物质外释，场地上没有种植乔木，而是采用了乡土的草种。曲折的山上小路由破碎的贝壳铺成。在公园北部，有成片的电线杆顶部被削平，呈阵列状布置在坡地上，与起伏多变的场地形成鲜明对比，隐喻了人工与自然的结合。混凝土路障呈八字形排列在坡地上，形成的序列是附近临时机场跑道的延伸（图4-13、图4-14）。哈格里夫斯用综合的和富于技巧的方法将雕塑的、社会的、环境的和现实的多条线索编织在一起。加州萨克拉门托河谷的绿景园是他用一个19世纪的采矿场改造而成的（图4-15）。花园分为景观各异的两部分。西半侧是树列环绕的草地，16棵红杉绕两个同心圆种植，林中的雾状喷泉喷出浓浓的雾霭，随风向和气温的不同而变化，在炎热的夏季还有明显的降温作用。夜幕降临时，雾气和灯光创造出戏剧性的效果。花园的东半部是依矿坑地貌塑造的土丘及谷地，土丘上面种植粗放耐旱的草种，谷地中小树林立。独特的地形不仅带来了特殊的空间观觉效果，也使低处的植物获得了更多的水的滋润。技术与艺术的融合、高技术与高情感的统一，创造出了全部的景观观念和视觉体验。

图4-13 拜斯比公园（一）

图 4-14　拜斯比公园（二）

图 4-15　加州萨克拉门托河谷的绿景园

现代技术对人类的影响是空前的。一方面，它提供给我们高度发达的生产力，也给我们带来了全新的景观观念、景观体验和审美价值观；另一方面，技术的影响并非全然是正面的。人们习惯于把科学技术的进步等同于人类的进步，这是错误的。现代技术是双刃剑，它既是人类的希望，又是对人类的威胁。现代景观设计作为艺术与技术的结合，应该使技术向着人性化的方向发展。人类不得不重新审视技术，也不得不重新审视美学价值观。

4.3.4　现代主义审美与设计倾向——传统风格的批判（转向理性）

地面形式从空间的划分中发展而来……空间，而不是风格，是景观设计中真正的范畴。

——罗斯

在以农业与手工业生产为主的封建社会时期，传统的园林服务于社会上流贵族和富豪阶层，是社会地位、权势与经济实力的象征。随着工业文明的到来，景观环境发生了深刻的变化，形成了为城市自身以及城市居民服务的开放型园林，在现代主义观念的（设计要具有时代的特点，时代改变了，设计就不能沿用旧的形式和美学原则；把功能性作为设计的出发点；主张运用新的技术以及新的材料；主张设计应为人民大众服务等）影响下，现代园林景观经过近一个世纪的发展，逐步形成了有别于传统园林的风格和形式。

现代艺术、现代建筑以及现代工业技术产品对现代园林景观设计产生了最直接的影响。部分风景园林师受现代建筑和现代工业技术产品的影响，强调景观的功能特性和空间特性；

另外一部分风景园林师从现代艺术中寻求灵感，追求景观的抽象形式和自由构图；也有一部分风景园林师尝试利用新材料、新技术，改变了景观的面貌。

4.3.4.1　功能和空间的探索

　　园林景观与建筑的关系最为密切，很多理论和构思方法都直接源于建筑。英国的唐纳德在 1938 年完成的《现代景观中的园林》一书中提出了现代景观设计的三个方面，即功能的、移情的和艺术的。首先，他认为功能是现代主义景观最基本的考虑，是三个方面中最首要的。功能主义使景观设计从情感主义和浪漫主义中解脱出来，去满足人的理性需求，如休息和消遣。唐纳德的功能主义思想是受建筑师卢斯和柯布西耶的著作影响的。其次，他的移情源于对日本园林的理解。他从日本枯山水园林中受到启发，提出从对称的形式束缚中解脱出来，尝试日本园林的均衡构图的手法以及从没有情感的事物中感受园林的精神实在的设计手法。最后，是在景观设计中运用现代艺术的手段。唐纳德的《现代景观中的园林》的观点几乎都是从同时代的艺术和建筑思想中吸取过来的。他在发表的《现代住宅的现代园林》中提出：景观设计师必须理解现代生活和现代建筑，抛弃所有陈规老套，20 世纪的设计就是没有风格的。在园林中要创造三维的流动空间，为了创造这种流动性，需要打破园林中场地之间的严格划分，运用隔断和能透过视线的种植设计来达到。他在设计中喜欢运用框景和透视线，他使用的框景明显受到了萨伏伊别墅屋顶花园的混凝土框架的启发（图 4-16）。他是那个年代能使用建筑语言设计园林的极少数景观设计师之一。

图 4-16　Alcoa 住宅花园

　　罗斯·克雷和埃克博对现代主义景观设计有重要影响，他们在《笔触》（Pencil Points）和《建筑实录》（Architecture Record）等专业期刊上发表了一系列开创性的论文，强调人的需要、自然环境的条件及两者相结合的重要性，对 19 世纪具有浪漫主义精神的英国自然风景园林随意模仿自然和新古典主义矫揉造作的装饰进行了尖锐的批判，提出了"设计内容决定设计形式"的功能主义设计理论。罗斯在《园林中的自由》（Freedom in the Garden）中，将园林定位于建筑学和雕塑之间："实际上，它（园林设计）是室外雕塑，不仅被看作一件物体，并且被设计成一种令人愉快的空间关系，环绕在我们的周围。"罗斯宣称："地面形式从空间的划分中发展而来……空间，而不是风格，是景观设计中真正的范畴。"[1] 1938 年 9 月埃克博发表《城市中的小花园》（Small Garden in the City），提出了

[1]　王向荣，林箐 . 西方现代景观的理论与实践 . 中国建筑工业出版社：56.

在同一条件下的小花园设计中形式和空间的可能的变化。埃克博还做了市郊环境中花园设计的比较研究，他认为，花园式的室外空间，其内容应由其用途发展而来。另外，埃克博还试图将自己的一些观念发展成为一个20世纪景观设计的完整的理论。他没有给出关于形式和布局、规则式或不规则式、城市主义或自然主义的特别的规定，他认为所有这些都应当从特定的环境中来。他强调了"空间"是设计的最终目标，材料只是塑造空间的物质。他还谈到了"人"的重要性，谈到了景观的特点、特征是由气候、土地、水、植物、地区性等综合而成的"特点条件"所决定的，也就是强调空间、人和特定条件的重要性。丹·克雷于1955年设计的米勒花园（图4-17、图4-18）是他的第一个真正的现代主义设计。他在几何结构中探索景观与建筑之间的联系。他的设计通常从基地和功能出发，确定空间的类型，然后用轴线、绿篱、整齐的树阵和树列、方形的水池、树池和平台等古典语言来塑造空间，注重结构的清晰性和空间的连续性。材料的运用简洁而直接，没有装饰性细节。在科罗拉多州的新的空军学院花园中（图4-19），克雷以几何分割的水池和草地展开，其比例模数、优美的韵律与附近的建筑相呼应，竖向的绿篱、喷水及两边各四排高大的刺槐树增加了花园竖向的尺度，限定了空间。他们三人的文章和研究，动摇并最终导致了哈佛景观规划设计系的"巴黎美术学院派"教条的解体和现代设计思想的建立，并推动了美国的景观规划设计行业朝着适合时代精神的方向发展。这就是当时的"哈佛革命"。

20世纪美国现代景观设计的奠基人之一托马斯·丘奇是"加州花园"风格的开创者。丘奇的设计富有人情味，他反对形式绝对主义，认为设计方案要根据建筑物的特性、基地的情况以及客户希望的生活方式来确定。"规则式或不规则式、曲线或直线、对称或自由，重要的是你以一个功能的方案和一个美学的构图完成。""加州花园"的基本特征：它

图4-17　米勒花园（一）

图4-18　米勒花园（二）

图4-19　科罗拉多州的新空军学院

是一个艺术的、功能的和社会的构图，它的每一部分都综合了气候、景观和生活方式而仔细考虑过，也是一个本土的、时代的和人性化的设计，满足了舒适的户外生活的需要，维修起来也方便。丘奇的成功和声望在于他创造了与功能相适应的形式以及他对材料和细节的关注，娴熟地使用现代社会的各种普通材料，如木、混凝土、砖、砾石、沥青、草和地被，通过精细和丰富的铺装纹样、材料之间质感和色彩的对比，创造出极富人性的室外生活空间。他最著名的作品是 1948 年的唐纳花园（图 4-20、图 4-21），庭院由入口院子、游泳池、餐饮处和大面积的平台所组成，平台的一部分是美国杉木铺装地面，另一部分是混凝土地面。庭院轮廓以锯齿线和曲线相连，肾形泳池流畅的线条以及池中雕塑的曲线与远处海湾的"S"形线条相呼应。树冠的框景将原野、海湾和旧金山的天际线带入庭院。

图 4-20　唐纳花园（一）

图 4-21　唐纳花园（二）

4.3.4.2 形式构图的创造

现代艺术对现代园林景观的影响非常深刻，主要体现在形式构图等方面，详见第一章第三节。

4.3.4.3 新材料、新技术的应用

新材料的出现、新技术的大量应用以及对新兴的环境及生态科学的深入研究，改造了现代景观的面貌和人们对现代景观的认识，详见本节"技术主义审美与设计倾向"部分。

现代园林呈现出了融功能、空间组织及形式创新为一体的设计特点和设计语言。一方面，设计追求良好的服务和使用功能，例如为人们漫步、游憩、晒太阳、遮阴、聊天等户外活动提供充足的场地和场所，解决好流线与交通的关系，考虑到人们在交往与使用中的心理行为要求；另一方面，不再拘泥于明显的传统园林形式与风格，不再刻意追求繁琐的装饰，而更提倡设计平面布置与空间组织的自由、形式的简洁、线条的明快与流畅以及设计手法的丰富变化。

现代主义在园林景观设计中并没有走向极端，也没有极端的语言和行为，现代主义景观没有像建筑那样走向死亡，而是一直延续到当代，显示出了顽强的生命力。

4.3.5 反现代主义审美与设计倾向——国际化风格的批判（转向非理性）

> 我喜欢那种混合而不"纯粹"，折中而不"彻底"，易被曲解而非"简洁明了"，模糊而非"清晰"的元素。
>
> ——罗伯特·文丘里

> 我们合并的智慧是滑稽的：根据德里达的观点，我们不可能是"整一的"（Whole），根据鲍德里亚（Baudrillard）的观点，我们不可能是"真实的"（Real），根据维里利奥（Paul Virilio）的观点，我们不可能是"存在的"（There）。
>
> ——R·库哈斯

从美学风格上说，20世纪的西方建筑与景观主要经历了三次重要的转折：从带有折中主义特色的传统主义到现代主义美学（主要表示了国际主义风格）的转折；从现代主义美学到后现代主义美学的转折；从后现代主义美学到解构主义美学的转折。

这里所说的反现代主义审美与设计倾向主要是指后现代主义和解构主义审美与设计倾向。

4.3.5.1 后现代主义审美与设计倾向

20世纪60年代，资本主义世界的经济发展到一个全盛时期，而在文化领域却出现了动荡和转机。一方面，50年代出现的代表着流行文化和通俗文化的波普艺术，到60年代蔓延到了设计领域；另一方面，进入60、70年代以来，人们对于现代化的景仰也逐渐被严峻的现实所打破，环境污染、人口爆炸、高犯罪率，人们对现代文明感到失望，失去信心。现代主义的形象在流行了几十年后已从新颖之物变成了陈词滥调，渐渐失去了对公众的吸引力，人们希望有新的变化出现，同时，对过去美好时光的怀念，成为了普遍的社会心理，

历史的价值、基本伦理的价值、传统文化的价值重新得到强调，后现代主义在建筑设计中出现了。

在多种因素的作用下，一些人开始鼓吹现代主义已经死亡，后现代主义（Postmodernism）时代已经到来。美国建筑师文丘里被认为是后现代主义理论的奠基人，1966年，他发表了《建筑的复杂性与矛盾性》，成为后现代主义的宣言。文丘里认为，建筑设计要结合解决功能、技术、艺术、环境以及社会问题等，因而建筑艺术必然是充满矛盾的和复杂的。书中批判了在美国占主流地位的所谓国际式建筑。1972年，他又发表了《向拉斯韦加斯学习》（拉斯韦加斯是堕落中的……）。詹克斯总结了后现代主义的六种类型和特征：历史主义、直接的复古主义、新地方风格、因地制宜、建筑与城市背景相和谐、隐喻和玄学及后现代社会问题。后现代主义设计的造型趋向繁多和复杂，强调象征隐喻的形体和社会问题的关系。设计中采用夸张、变形、断裂、错位、扭曲，矛盾等手法，最终表现为设计语言的双重译码和含混的特点。建筑师查尔斯·穆尔1974年设计的新奥尔良市意大利广场就是典型的后现代作品。广场地面吸收了附近一栋大楼的黑白线条，将其处理成同心圆图案，中心水池将意大利地图搬了进来。广场周围建了一组无任何功能，漆着耀眼的赭、黄、橙色的弧形墙面。罗马风格的科林斯柱式、爱奥尼柱式使用了不锈钢的柱头，充满了讽刺、诙谐、玩世不恭的意味。这是一个典型的后现代主义的符号拼贴的大杂烩。

文丘里于1972年设计了位于费城附近的富兰克林纪念馆。他将纪念馆主体建筑置于地下，用白色的大理石在红砖铺砌的地面上标出旧有建筑的平面，用不锈钢的架子勾画出故居的建筑轮廓，几个雕塑般的展示窗保护并展示着故居的基础，设计带有符号式的隐喻，显示出了旧建筑的灵魂，而且也不使环境显得拥挤[1]。

4.3.5.2 解构主义景观审美取向

1967年前后，法国哲学家德里达最早提出了解构主义。进入80年代，解构主义成为西方建筑界的热门话题。如果说后现代主义是对现代主义美学的反叛，那么，解构主义则是对后现代主义的反叛和超越，它运用现代主义的语言，却彻底打破了现代主义的语法和逻辑体系（所以也有人将其归入新现代主义）。解构主义首先在建筑设计中进行探索，然后影响到了景观设计。解构主义将一切既定的设计规律加以颠倒，如反对建筑设计中的统一与和谐，反对形式、功能、结构、经济彼此间的有机联系，认为建筑设计可以不考虑周围的环境或文脉等，提倡分解、片断、不完整、悬浮、消失、分裂、拆散、移位、斜轴、拼接等手法。解构主义建筑对西方当代建筑美学产生了多方面的影响。最重要的是，它使非理性审美意识大举进入到一个长期以来一直受理性意识统治的领域。由于解构主义的出现，建筑的本质受到了严重的挑战，一切既有的文化价值受到怀疑，甚至连人自身的存在问题也受到怀疑。荷兰建筑师R·库哈斯在发表的理论文章中写道：我们合并的智慧是滑稽的：根据德里达的观点，我们不可能是"整一的"（whole），根据鲍德里亚的观点，我们不可能是"真实的"（real），根据维里利奥的观点，我们是不可能"存在的"（There）。

[1] 王向荣，林箐. 西方现代景观的理论与实践. 中国建筑工业出版社：216.

没有"整一"，没有"真实"，没有"存在"，那么，对人类来说，我们还有什么呢？对世界来说，还有什么价值可言呢？其实，解构主义不可能真地解构得如此彻底，解构主义不可能真地把自己对社会、人生的那点仅存的信息清除净尽，只不过他们找到了另一种看待社会、人生、艺术和审美的方式，只不过他们找到了另一种表达这种方式的方式。[1]

解构主义建筑师和理论家对建筑的本质重新定义，对整个建筑美学的审美体系进行重新整合。埃森曼对展览类建筑的展览功能的问难，屈米对公园景观建筑的景观性的问难，是解构主义重新宣言一切的宗旨。埃森曼对韦克斯勒礼堂艺术中心所作的阐释，可以说是代表所有解构主义建筑师的一篇重新诠释建筑的宣言。他说："我们不得不展览艺术，但是，难道我们一定要以传统的艺术展览方式，即在一个中性的背景中展览艺术吗？……难道建筑一定得为艺术服务，换句话说，一定得做艺术的背景吗？绝对不是，建筑应该挑战艺术，应该挑战这种认为建筑应该作背景的观点。"潜台词是：为什么我们一定要毕恭毕敬、一成不变地遵从那套固有的建筑话语体系？为什么我们不能重新制定一套新的建筑游戏规则？

解构主义建筑与景观的游戏规则是什么呢？简单地说，就是以一种非美的美学或零度美学对一切现在的美学原则进行全方位解构。

为纪念法国大革命200周年而在巴黎建设的九大工程之一的拉·维莱特公园是解构主义景观设计的典型实例(图4-22～图4-32)。

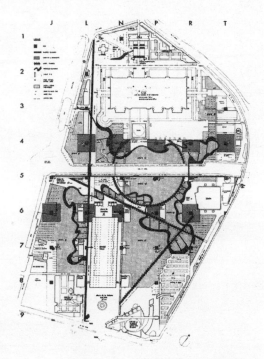

图4-22 拉·维莱特公园平面图

图4-23 拉·维莱特公园（一）

图4-24 拉·维莱特公园（二）

[1] 万书元.当代西方建筑美学.东南大学出版社：128～129.

图 4-25　拉·维莱特公园（三）

图 4-26　拉·维莱特公园（四）

图 4-27　拉·维莱特公园（五）

图 4-28　拉·维莱特公园（六）

图 4-29　拉·维莱特公园（七）

图 4-30　拉·维莱特公园（八）

图 4-31 拉·维莱特公园 (九)　　　　图 4-32 拉·维莱特公园 (十)

屈米通过一系列的手法，把园内外的复杂环境有机地统一起来，并且满足了各种功能的需要。他的设计非常严谨，公园在结构上由点、线、面三个互不关联的要素体系相互叠加而成。"点"由 120 米 ×120 米的网线交点组成，在交点上共安排了 40 个鲜红色的、具有明显构成主义风格的小构筑物，屈米把它们称为"Folie"（风景园中用于点景的小建筑）。它们构成了园中"点"的要素。

"线"的要素由两条空中步道长廊、几条笔直的林荫路和一条贯通全园主要部分的流线形的游览路组成，这些精心设计的游览路线打破了构筑物构成的严谨的方格网所建立起来的秩序，同时也联系着公园中的十个主题小园，包括镜园、恐怖童话园、风园、舞园、龙园、竹园等。这些主题园分别由不同的风景师或艺术家设计，形式上千变万化，有的是下沉式，有的以机械设备创造出来的气象景观为主，有的以雕塑为主。最著名的是谢梅道夫（Alexandre Chemetoff, 1950-）设计的竹园。屈米把这些小园比喻成一部电影的各个片断。公园中"面"的要素就是这 10 个主题园和其他场地、草坪及树丛。

在拉·维莱特公园的设计中，屈米对传统意义上的秩序提出了质疑，他用分离与解构的方法同样有效地处理了一块复杂的地段。他把公园的要素通过"点"、"线"、"面"来分解，各自组成完整的系统，然后又以新的方式叠加起来。三层体系各自都以不同的几何秩序来布局，相互之间没有明显的关系，这样三者之间便形成了强烈的交叉与冲突，构成了矛盾。

解构主义不仅张扬了思想比形式重要这样一种价值，同时也从反造型和反美学角度张扬了另一些反价值，比如错置比秩序重要，差异比同质重要，残破比完整重要，丑陋与狂怪比优美、和谐重要，过程比结局重要等。

总而言之，解构主义建筑与景观从根本上改变了从现代主义到后现代主义以来的社会观念和审美意识形态。解构主义建筑景观和解构主义文化一道，促使社会趋向非人本主义和反传统主义，走向非人情化、非古典主义；解构主义改变了建筑与景观的形式秩序，走向取消中心，偶然、片断、疯狂的对立。它从意识形态的、风格的、形态学的三个层面使建筑和景观以一种反本质主义的、丑陋狂怪的、不完整的和异构的形式，显示出空前的挑战与批判的力量。

4.3.6 新历史主义审美与设计倾向——国际化风格的批判（回归故里）

……熟悉的物体，比如谷仓、马厩、茅房和工场等，它们的形式和位置已经固定下来，但是，意义却是可以改变的，这些原型物体在共同情感上的吸引力揭示了人类永恒的关怀。

——罗西

历史主义审美主要是对纵向的价值的认同和尊重，认同经典的审美惯性和民族的审美习性，充分尊重传统文化和地方文化。历史主义景观美学在当代又称为新历史主义景观美学，它是把被现代主义美学所抛弃的历史传统和装饰趣味重新找寻回来，这也是新历史主义的根本特征。新历史主义美学可分为新古典主义美学和新地方主义美学（或称新乡土主义美学）。

4.3.6.1 新古典主义审美与设计倾向

古典主义作为人类文化的传统，是我们最宝贵的财富，是人类文明几千年发展的结晶，随着人类社会的发展，它早已不能适应，现代主义应运而生了。但现代主义对典型法式和形式的轻视和批判，使得它越来越远离传统，远离艺术和文化，呆板、重复、缺少变化，走向国际化，终于引起公众和设计师的不满和反抗。一部分风景园林师从历史的废墟中，从古典的形式中，去寻求灵感和趣味，这就是新古典主义。它的作品虽然风格各异，但是有一点是相同的，就是对国际化采取批判的态度，以浑厚的怀旧情感和大胆的革新精神对古典语汇的作用给出新的阐释。新古典主义是一种执著于文化传统的寻根倾向，一种向主流文化回归的倾向。新古典主义大体可分为抽象的古典主义和具象的或折中的古典主义。本人在天津古文化街海河楼商贸区的文化小城的设计中采用抽象的表现手法（图4-33～图4-35），创造出了既有浑厚文化内涵，又与古文化街整体风格相融合的景观效果。

图4-33 天津古文化街海河楼商贸区的文化小城

图 4-34　天津古文化街海河楼商贸区（一）

图 4-35　天津古文化街海河楼商贸区（二）

4.3.6.2 新地方主义审美与设计倾向

新地方主义是一种执著于地域特性的寻根倾向，一种向非主流文化回归的倾向。如果说古典主义有较多的共性和普遍性的话，新地方主义则更具有个性和特殊性。作为一种富有当代性的创作倾向，新地方主义是建筑和景观中的一种方言（Vernacular），一种民族或民间风格。

随着工业化大生产的加速发展，随着商品市场的日益国际化，随着城市化倾向对乡村文化的影响，在世界范围内，文化的地域性和乡土性渐渐陷入了朝不虑夕的危机之中，现代主义作为一股强大的同化力量，已经侵蚀到世界的每一个角落。许多地方的所谓民族风格和地方特色、传统的价值体系和审美观念在现代主义浪潮的冲击下，早已灰飞烟灭，荡然无存了。[1]

另一方面，现代工业的发展促进城市人口和车辆无限膨胀，城市的交通、能源、治安、住房……一切的一切，全然陷入了一种令人难以忍受的恶性循环状态；城市的文化风尚、价值体系、生态环境的日益恶化以及由此带来的人与人、人与自然的隔膜，迫使人们迫切希望离开城市，回归自然、回归故里。如本人参与的天津鼓楼商贸区环境景观设计，尝试将天津传统民俗风情通过雕塑的手法表现出来，创造出了浓浓的天津民俗市景风情（图4-36）。

图4-36 天津鼓楼商贸区

---

[1] 万书元. 当代西方建筑美学. 东南大学出版社：94.

4.4　小结

当代中国城市景观设计存在着很多问题，主要原因：一方面，理论研究滞后，缺少系统的理论研究和探索作为指导；另一方面，设计创作缺少原创性和创新精神。当代中国景观面临现代和后现代的双重选择和使命，既是机遇，又是挑战。当代中国风景园林师要坚持观念创新与形式创新并重，理论研究与设计实践并举，既要面对被破坏的环境来进行抢救性治理，又要关注长远的环境可持续发展问题。当代景观审美与设计理论错综复杂、多元并存，对其进行系统梳理，探索有中国特色的景观创作道路，具有非常重要的意义。

结语：从形态风格到观念思潮

纵观艺术的发展历程，现代艺术抛弃了传统的写实与模仿，艺术完全成为主观世界想象的纯形式化的产物，其中包括野兽派、立体主义、抽象表现主义、构成主义等，开创了现代艺术对形式和风格的创新和探索。现代艺术在形式上的创新为现代景观和建筑的创作提供了原创动力，产生了重要的影响，完全改变了现代景观与建筑的形态面貌，但形式走向极端，禁锢了艺术的深层思考和探索。后现代艺术在观念和思潮层面进行了全面的变革与创新，其中包括观念艺术、行为艺术、大地艺术和波普艺术等，后现代艺术对当代景观与建筑的理论研究和创作观念具有深刻的启发和影响。他山之石，可以攻玉，艺术与景观的发展探索可以为我国的景观理论研究带来如下启示：

（1）结合中国国情，不断创新，是艺术与景观创作的生命。以往我们的景观创作更多的是照搬和学习西方景观设计师的作品的形式和表现手法，或者是生搬硬套他们的各种理论，没有真正理解和学习他们努力探索、不断创新的精神。不断探索和创新具有中国特色的景观创作之路是我们惟一正确的选择。

（2）当代中国的景观创作既要重视形式和方法的创新和探索，也要注重理论和观念的创新和探求。没有创新理论指导的设计是盲目的、缺少精神内涵和思想深度的设计；而没有创新方法的理论只能是空洞的理论，是没有美感或根本无法实现的理论。

（3）当代风景园林师要了解社会，掌握各种相关知识，培养敏锐的观察和思考能力，既要做实践者，也要做理论家，既要注重表现与选型技巧，也要注重理论思想与研究。

（4）当代景观创作要重视其艺术性，更要注重其功能性、技术性、生态性，保护好我们赖以生存的美好家园。

参考文献

[1] 王向荣，林箐．西方现代景观设计的理论和实践．北京：中国建筑工业出版社，2002.

[2] 高小康．狂欢世纪——娱乐、文化与现代生活方式．郑州：河南人民出版社，1998.

[3] 潘知常，美学的边缘——在阐释中理解当代审美观念，上海：上海人民出版社，1998.

[4] 牛宏宝．西方现代美学．上海：上海人民出版社，2002.

[5] 约翰·多克．后现代主义与大众文化．吴松江，张天飞译．沈阳：辽宁教育出版社，2001.

[6] 李姝．波普建筑．天津：天津大学出版社，2004.

[7] 徐恒醇．生态美学．西安：陕西人民教育出版社，2000.

[8] 万书元．当代西方建筑美学．南京：东南大学出版社，2001.

[9] 王林．现代美术历程．成都：四川美术出版社，2000.

[10] 岛子．后现代主义艺术系谱．重庆：重庆出版社，2001.

[11] 王南溟．观念之后：艺术与批评．长沙：湖南美术出版社，2006.

[12] 沃尔夫冈·韦尔施．重构美学．陆扬，张岩冰译．上海：上海译文出版社，2002.

[13] 刘悦笛．艺术终结之后．南京：南京出版社，2006.

[14] 杨志疆．当代艺术视野中的建筑．南京：东南大学出版社，2005.

[15] 葛鹏仁．西方现代艺术后现代艺术．长春：吉林美术出版社，2005.

[16] 马永建．后现代主义艺术20讲．上海：上海社会科学院出版社，2006.

[17] 唐军．追问百年——西方景观建筑学的价值批判．南京：东南大学出版社，2004.

[18] 让－吕克·夏吕姆，西方现代艺术批评．林霄潇，吴启雯译．北京：文化艺术出版社，2005.

[19] 罗伯特·文丘里．向拉斯韦加斯学习．徐怡芳，王健译．北京：知识产权出版社，中国水利水电出版社，2006.

[20] 俞孔坚，李迪华．城市景观之路——与市长们交流．北京：中国建筑工业出版社，2003.

[21] 乔治·瑞泽尔．后现代社会理论．谢立中等译．北京：华夏出版社，2003.

[22] 翁剑青．公共艺术的观念与取向．北京：北京大学出版社，2002.

[23] 陶伯华．美学前沿——实践本体论美学新视野．北京：中国人民大学出版社，2003.

[24] 斯蒂芬·贝斯特，道格拉斯·科尔纳．后现代转向．陈刚等译．南京：南京大学出版社，2002.

[25] 鲁道夫·阿恩海姆．艺术与视知觉．腾守尧，朱疆源译．北京：中国社会科学出版社，1984.

[26] 清华大学建筑学院，清华大学建筑设计研究所．建筑设计的生态策略．北京：中国计划出版社，2001.

[27] L·本奈沃洛．西方现代建筑史．邹德侬等译．天津：天津科学技术出版社，1996.

[28] H·H·阿纳森．西方现代艺术史．邹德侬等译．天津：天津人民美术出版社，1986.

[29] 孙津．波普艺术——断层与绵延．长春：吉林美术出版社，1999.

[30] 邹德侬．中国现代建筑史．天津：天津科学技术出版社，2001.

[31] 邹德侬．中国现代建筑论集．北京：机械工业出版社，2003.

[32] 曾坚．当代世界先锋建筑的设计观念．天津：天津大学出版社，1995.

[33] 罗伯特·文丘里．建筑的复杂性与矛盾性．周卜颐译．北京：中国建筑工业出版社，1991.

[34] 杰姆逊.后现代主义与文化理论.唐小冰译.北京：北京大学出版社，1997.

[35] 陈晓彤.传承·整合与嬗变——美国景观设计发展研究.南京：东南大学出版社，2005.

[36] 聂振斌，滕守尧，章建刚.艺术化生存——中西审美文化比较.成都：四川人民出版社，1997.

[37] 刘滨谊.现代景观规划设计.南京：东南大学出版社，1999.

[38] 王晓俊.西方现代园林设计.南京：东南大学出版社，2000.

[39] 徐明宏.休闲城市.南京：东南大学出版社，2004.

[40] 刘悦笛.生活美学——现代性批判与重构审美精神.合肥：安徽教育出版社，2005.

[41] 费菁.极少主义绘画和雕塑.世界建筑，1998（1）.

[42] 高小康.大众的梦——当代趣味与流行文化.北京：东方出版社，1993.

[43] 张晓凌.观念艺术——解构与重建的诗学.长春：吉林美术出版社，1999.

[44] 沐小虎.建筑创作中的艺术思维.上海：同济大学出版社，1996.

[45] 鲁道夫·阿恩海姆.视觉思维.滕守尧译.北京：光明日报出版社，1987.

[46] 约翰·费斯克.理解大众文化.王晓珏，宋伟杰译.北京：中央编译出版社，2001.

[47] 约翰·费斯克.解读大众文化.杨全强译，南京：南京大学出版社，2001.

[48] 马克·第亚尼.非物质社会——后工业世界的设计、文化与技术.滕守尧译.成都：四川人民出版社，1998.

[49] 吴风.艺术符号美学——苏珊·朗格美学思想研究.北京：北京广播学院出版社，2002.

[50] 张汝伦.意义的探究——当代西方释义学.沈阳：辽宁人民出版社，1986.

[51] I·L·麦克哈格.设计结合自然.芮经纬译.北京：中国建筑工业出版社，1992.

[52] J·O·西蒙兹.大地景观——环境规划指南.程里尧译.北京：中国建筑工业出版社，1990.

[53] 莫里茨·盖格尔.艺术的意味.艾颜译.北京：华夏出版社，1999.

[54] 吴家骅.景观形态学.北京：中国建筑工业出版社，2000.

[55] 俞孔坚.景观：文化、生态、感知.北京：科学出版社，1998.

[56] J·O·西蒙兹.景观设计学.俞孔坚译.北京：中国建筑工业出版社，2000.

[57] 傅伯杰等.景观生态学原理及应用.北京：科学出版社，2002.

[58] 夏建统.点起结构主义的明灯——丹·凯利.北京：中国建筑工业出版社，2001.

[59] 陈晓彤.美国当代景观设计中的后现代主义表现.规划师，2002（6）.

[60] 王晓俊.彼得·沃克极简主义庭园.南京：东南大学出版社，2003.

[61] 李正平.野口勇.南京：东南大学出版社，2004.

[62] 王晓俊，玛莎·舒沃茨.超越平凡.南京：东南大学出版社，2003.

[63] J·M·布洛克曼.结构主义.李幼蒸译.北京：中国人民大学出版社，2003.

[64] 张利.信息时代的建筑与建筑设计.南京：东南大学出版社，2002.

[65] 朱狄.当代西方美学.北京：人民出版社，1984.

[66] 埃伦·迪萨纳亚克.审美的人.户晓辉译.北京：商务印书馆，2004.

[67] 裔萼.康定斯基论艺.北京：人民美术出版社，2002.

[68] 高亮华.人文主义视野中的技术.北京：中国社会科学出版社，1986.